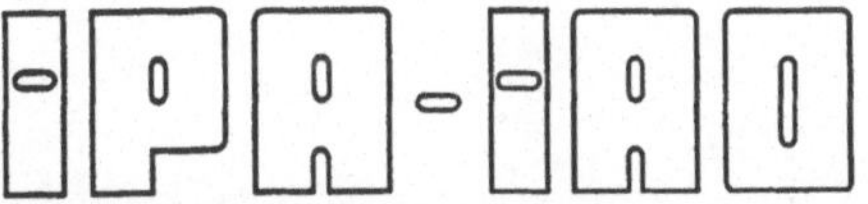

Forschung und Praxis

Band 279

Berichte aus dem
Fraunhofer-Institut für Produktionstechnik und Automatisierung (IPA), Stuttgart,
Fraunhofer-Institut für Arbeitswirtschaft und Organisation (IAO), Stuttgart,
Institut für Industrielle Fertigung und Fabrikbetrieb der Universität Stuttgart und
Institut für Arbeitswissenschaft und Technologiemanagement, Universität Stuttgart

Herausgeber: H. J. Warnecke, E. Westkämper und H.-J. Bullinger

Springer

Berlin
Heidelberg
New York
Barcelona
Budapest
Hongkong
London
Mailand
Paris
Singapur
Tokio

Manfred Hüser

Adaptive Personaleinsatzsteuerung in homogenen Arbeitsgruppen bei sequentieller Auftragsstruktur

Mit 53 Abbildungen

Dr.-Ing. Manfred Hüser
Fraunhofer-Institut für Produktionstechnik und Automatisierung (IPA), Stuttgart

Prof. Dr.-Ing. Dr. h. c. mult. H. J. Warnecke
o. Professor an der Universität Stuttgart
Präsident der Fraunhofer-Gesellschaft, München

Prof. Dr.-Ing. Dr. h. c. E. Westkämper
o. Professor an der Universität Stuttgart
Fraunhofer-Institut für Produktionstechnik und Automatisierung (IPA), Stuttgart

Prof. Dr.-Ing. habil. Prof. e. h. Dr. h. c. H.-J. Bullinger
o. Professor an der Universität Stuttgart
Fraunhofer-Institut für Arbeitswirtschaft und Organisation (IAO), Stuttgart

D 93

ISBN-13: 978-3-540-65505-3 e-ISBN-13: 978-3-642-47968-7
DOI: 10.1007/978-3-642-47968-7

Gesamtherstellung: Copydruck GmbH, Heimsheim
SPIN 10710005 62/3020–5 4 3 2 1 0

Geleitwort der Herausgeber

Über den Erfolg und das Bestehen von Unternehmen in einer marktwirtschaftlichen Ordnung entscheidet letztendlich der Absatzmarkt. Das bedeutet, möglichst frühzeitig absatzmarktorientierte Anforderungen sowie deren Veränderungen zu erkennen und darauf zu reagieren.

Neue Technologien und Werkstoffe ermöglichen neue Produkte und eröffnen neue Märkte. Die neuen Produktions- und Informationstechnologien verwandeln signifikant und nachhaltig unsere industrielle Arbeitswelt. Politische und gesellschaftliche Veränderungen signalisieren und begleiten dabei einen Wertewandel, der auch in unseren Industriebetrieben deutlichen Niederschlag findet.

Die Aufgaben des Produktionsmanagements sind vielfältiger und anspruchsvoller geworden. Die Integration des europäischen Marktes, die Globalisierung vieler Industrien, die zunehmende Innovationsgeschwindigkeit, die Entwicklung zur Freizeitgesellschaft und die übergreifenden ökologischen und sozialen Probleme, zu deren Lösung die Wirtschaft ihren Beitrag leisten muß, erfordern von den Führungskräften erweiterte Perspektiven und Antworten, die über den Fokus traditionellen Produktionsmanagements deutlich hinausgehen.

Neue Formen der Arbeitsorganisation im indirekten und direkten Bereich sind heute schon feste Bestandteile innovativer Unternehmen. Die Entkopplung der Arbeitszeit von der Betriebszeit, integrierte Planungsansätze sowie der Aufbau dezentraler Strukturen sind nur einige der Konzepte, welche die aktuellen Entwicklungsrichtungen kennzeichnen. Erfreulich ist der Trend, immer mehr den Menschen in den Mittelpunkt der Arbeitsgestaltung zu stellen - die traditionell eher technokratisch akzentuierten Ansätze weichen einer stärkeren Human- und Organisationsorientierung. Qualifizierungsprogramme, Training und andere Formen der Mitarbeiterentwicklung gewinnen als Differenzierungsmerkmal und als Zukunftsinvestition in *Human Resources* an strategischer Bedeutung.

Von wissenschaftlicher Seite muß dieses Bemühen durch die Entwicklung von Methoden und Vorgehensweisen zur systematischen Analyse und Verbesserung des Systems Produktionsbetrieb einschließlich der erforderlichen Dienstleistungsfunktionen unterstützt werden. Die Ingenieure sind hier gefordert, in enger Zusammenarbeit mit anderen Disziplinen, z. B. der Informatik, der Wirtschaftswissenschaften und der Arbeitswissenschaft, Lösungen zu erarbeiten, die den veränderten Randbedingungen Rechnung tragen.

Die von den Herausgebern langjährig geleiteten Institute, das

- Institut für Industrielle Fertigung und Fabrikbetrieb der Universität Stuttgart (IFF),
- Institut für Arbeitswissenschaft und Technologiemanagement (IAT),
- Fraunhofer-Institut für Produktionstechnik und Automatisierung (IPA),
- Fraunhofer-Institut für Arbeitswirtschaft und Organisation (IAO)

arbeiten in grundlegender und angewandter Forschung intensiv an den oben aufgezeigten Entwicklungen mit. Die Ausstattung der Labors und die Qualifikation der Mitarbeiter haben bereits in der Vergangenheit zu Forschungsergebnissen geführt, die für die Praxis von großem Wert waren. Zur Umsetzung gewonnener Erkenntnisse wird die Schriftenreihe „IPA-IAO - Forschung und Praxis" herausgegeben. Der vorliegende Band setzt diese Reihe fort. Eine Übersicht über bisher erschienene Titel wird am Schluß dieses Buches gegeben.

Dem Verfasser sei für die geleistete Arbeit gedankt, dem Springer-Verlag für die Aufnahme dieser Schriftenreihe in seine Angebotspalette und der Druckerei für saubere und zügige Ausführung. Möge das Buch von der Fachwelt gut aufgenommen werden.

H. J. Warnecke E. Westkämper H.-J. Bullinger

Vorwort

Geh nicht immer auf dem vorgezeichneten Weg,
der nur dahin führt, wo andere bereits gegangen sind.

Alexander Graham Bell

Es kam der Tag, an dem ich allen Mut zusammennahm und den ersten Satz dieser Arbeit niederschrieb. Vorangegangen waren manche Tage des Erkundens, des Prüfens, des Erwägens, des Verwerfens, ausgefüllt durch freudige Entdeckung, aber auch ernüchternde Erkenntnis. Weitere Tage sollten folgen, an denen sich eins zum anderen fügte und die vorbereiteten Konzepte ihre endgültige Gestalt erhielten.

Das Ergebnis betrachtend mag unglaubwürdig erscheinen, daß der aufgezeichnete Weg jemals über Gabelungen und Umwege führte. Diejenigen, die mir vorausgingen, wissen aber um diesen Umstand und können das Forscherglück im Angesicht des erreichten Zieles ermessen.

Zu Dank verpflichtet bin ich all jenen, die mir Orientierung gaben, für Proviant sorgten, das Gepäck trugen und am Endpunkt erwarteten. Zuallererst ist an dieser Stelle Herr Professor Warnecke zu nennen, der mir fachlich wie menschlich Vorbild war und ist; ich bin glücklich, mich zu seinen Schülern rechnen zu dürfen. Herrn Professor Bullinger danke ich für seine wohlwollende Unterstützung sowie für die Übernahme des Mitberichtes. Ebenfalls zu erwähnen sind meine Weggefährten am Fraunhofer-Institut für Produktionstechnik und Automatisierung (IPA) und in dessen Umfeld, denen ein nicht minder wichtiger Anteil am Gelingen meines Vorhabens zukommt. Diesbezüglich hervorzuheben sind die Herren Dr. R. Steinhilper, Th. Reinhard, K.-P. Zeh, H. Muthsam, Cl. Hauswirth, J. Wagner, G. Spengler und Dr. H. Lehn.

Zu alledem wäre es nicht gekommen, hätten meine lieben Eltern – denen ich diese Arbeit widme – mir nicht ermöglicht, meinen Weg zu gehen.

Stuttgart, im November 1998

Manfred Hüser

Inhaltsverzeichnis

Abkürzungen und Formelzeichen

α	Irrtumswahrscheinlichkeit (→ S. 80)
β	Glättungsparameter der exponentiellen Glättung (→ S. 75)
Δ	Delta (i. S. v. Differenz)
$\bar{\bar{\Delta}}$	Mit exponentieller Glättung gefilterter Verlauf der Zeitreihenresiduen (→ S. 79)
ε_T	Wert des Zufallsprozesses (ε_t) zum Zeitpunkt T (→ S. 76)
(ε_t)	Zufallsprozeß (→ S. 76)
Ψ_j	Hilfsfunktion zur Berechnung von Konfidenzgrenzen bei ARIMA-Modellen (→ S. 82)
φ	Steigungswinkel des Auftragsfortschrittsgraphen (→ S. 84)
Φ_i	Modellparameter eines AR-Prozesses (→ S. 76)
Θ_i	Modellparameter eines MA-Prozesses (→ S. 76)
$\mathbb{N}$	Menge der natürlichen Zahlen
$\mathbb{R}$	Menge der reellen Zahlen
$\mathbb{R}^+$	Menge der positiven reellen Zahlen
$\hat{\sigma}_\varepsilon$	Schätzwert der Standardabweichung des Zufallsprozesses (ε_t) (→ S. 80)
{ }	Leere Menge
[...]	Maßeinheit von ...
[...,...]	Intervall von ... bis ...
|...|	Betrag von ...
$\in$	Element von
ACF	Autokorrelationsfunktion (→ S. 77)
AR	Autoregression (→ S. 75)

ArbZG	Arbeitszeitgesetz (→ S. 39)
ARIMA	Autoregression + Integration + Moving-Average (→ S. 76)
ARMA	Autoregression + Moving-Average (→ S. 76)
B^d	Backshift-Operator der Ordnung d (→ S. 81)
bspw.	beispielsweise
bzw.	beziehungsweise
const.	konstant
Cov	Kovarianzfunktion (→ S. 89)
d	Ordnung der Differenzenbildung in einem ARIMA-Prozeß (→ S. 77); Parameter des Backshift-Operators (→ S. 81)
d. h.	das heißt
dz	durch Differenzenbildung gefilterter dynamischer Zeitgrad (→ S. 81)
DZ	Dynamischer Zeitgrad (→ S. 71)
$\overline{DZ}_T$	durch exponentielle Glättung gefilterter Wert DZ_T (→ S. 74)
(DZ_t)	Zeitreihe von DZ (→ S. 71)
$\bar{\bar{DZ}}_{T,h}$	h-Schrittprognose von DZ, ausgehend vom Zeitpunkt T (→ S. 82)
ebd.	ebenda
f.	folgende Seite
ff.	folgende Seiten
GERT	Graphical Evaluation and Review Technique (→ S. 53)
H	absolute Häufigkeit (→ S. 109)
h	Prognosehorizont (→ S. 81)
i	(Index)
IN	Intensität (→ S. 40)
insbes.	insbesondere
i. O.	in Ordnung

i. S. v.	im Sinne von
j	(Index)
KAP	Kapazitätsquerschnitt (→ S. 31)
KAPAB	Abgang an Personalkapazität (→ S. 68)
KAPZU	Zugang an Personalkapazität (→ S. 68)
KZ	Kapazität (→ S. 29)
Lag	Zeitverschiebung (→ S. 110)
LD	Leistungsdauer (→ S. 38)
m	(Index)
M	Stückzahl (→ S. 69)
$\tilde{M}$	fertiggestellte Stückzahl (→ S. 87)
MA	Moving-Average (→ S. 75)
max	maximal, Maximum
min	minimal, Minimum
N	Anzahl der Aufträge im Bezugszeitraum (→ S. 70)
n	(Index)
OKG	Obere Konfidenzgrenze (→ S. 80)
OR	Operations Research (→ S. 52)
p	Ordnung eines AR-Prozesses (→ S. 76)
Pers.	Person(en)
PERT	Program Evaluation and Review Technique (→ S. 53)
PPS	Produktionsplanung und -steuerung
q	Ordnung eines MA-Prozesses (→ S. 76)
res	Residuum (→ S. 75, 79)
S.	Seite

Stck.	Stück
Std.	Stunde(n)
Std.-abw.	Standardabweichung
t	Zeit
T	Zeitpunkt
TAE	Termin für Auftragsende (→ S. 69)
tan	Tangens-Funktion
TBA	Beginn des Bezugszeitraums (→ S. 68)
TBE	Ende des Bezugszeitraums (→ S. 68)
$u_{1-\alpha/2}$	$1-\alpha/2$-Quantil der Standardnormalverteilung (→ S. 80)
u. a.	und andere
UKG	untere Konfidenzgrenze (→ S. 80)
u. U.	unter Umständen
V	vel (= oder) (→ S. 91)
Var	Varianzfunktion (→ S. 89)
V(h)	Hilfsfunktion zur Berechnung von Konfidenzgrenzen bei ARIMA-Modellen (→ S. 82)
vgl.	vergleiche
Westf.	Westfalen
z_i	Zustand (→ S. 56)
z. B.	zum Beispiel
z. T.	zum Teil
ZA	Auftragszeit (→ S. 69)
ZAF	Ausführungszeit (→ S. 69)
ZAT	Zeitanteil des Auftrags im Bezugszeitraum (→ S. 70)

ZE Zeiterwartung (aus den Grunddaten errechnete Zeit für die Durchführung einer Arbeitsaufgabe) (→ S. 70)

$\bar{Z}\bar{E}_{T,h}$ h-Schrittprognose von ZE, ausgehend vom Zeitpunkt T (→ S. 88)

ZEI Zeit je Einheit (→ S. 69)

ZI Istzeit (Summe der Anwesenheitszeiten in einem Bezugszeitraum) (→ S. 68)

$\bar{Z}\bar{I}_{T,h}$ h-Schrittprognose von ZI, ausgehend vom Zeitpunkt T (→ S. 88)

ZR Realzeit (→ S. 86)

ZRS Rüstzeit (→ S. 69)

Bildverzeichnis

1 Einleitung

Kundenwünsche reaktionsschnell zu erfüllen ist eine der zentralen Herausforderungen, denen sich produzierende Unternehmen in einem globalen Wettbewerbsumfeld zu stellen haben[1]. Kurze Produktzyklen und mangelnde Vorhersagbarkeit des Kundenverhaltens nehmen den Unternehmen hierbei die Möglichkeit, Produktion und Markt durch die zeitüberbrückende Funktion von Lägern zu entkoppeln[2]. Flexibilität ist somit zu einem Leitbild für Gestaltung und Betrieb[3] von Produktionssystemen geworden.

In diesem Kontext steigt die Bedeutung von Verfahren zur flexiblen Abstimmung der Produktionsfaktoren[4], welche dem variablen Bedarf ein entsprechendes Angebot entgegenzusetzen haben. Diese Verfahren müssen insbesondere Lösungen zur Abstimmung der menschlichen Arbeitsleistung bereitstellen, denn die Mitarbeiter sind als entscheidendes Flexibilisierungspotential im Produktionsbetrieb anzusehen[5]. Der Bedarf an geeigneten Verfahren steigt in dem Maße, in dem die Aktionsfelder flexiblen Personaleinsatzes nutzbar gemacht werden[6].

Ein wesentliches Erfolgskriterium neuer Methoden ist in ihrer Eignung zur selbständigen Anwendung durch Arbeitsgruppen zu sehen, was hohe Anforderungen an die angewandte Methodik und deren Implementierung stellt. Diese Arbeit leistet hierzu einen Beitrag, indem auf der Basis einer neuartigen Modellierung von Planungsgrundlagen Kenngrößen zum Personalbedarf abgeleitet werden. Die Mitarbeiter werden damit in die Lage versetzt, eigenverantwortlich eine sachgerechte Kapazitätsabstimmung vorzunehmen. Ein wesentliches Merkmal dieses Verfahrens ist die durchgängige statistische Ba-

---

[1] Vgl. Wiendahl 1997b, S. 175; Boutellier 1997, S. 43ff.; Bullinger 1997, S. 18ff.. Zur allgemeinen Bedeutung der Zeit als erfolgskritische Größe im Wettbewerb vgl. Kirschbaum 1995.

[2] Beispielhafte quantitative Angaben zu den Schwankungen von Bestellmengen sind dargestellt in Degen 1997, S. 16 und Westkämper 1997c, S. 279.

[3] Gestaltung und Betrieb können hier nicht mehr eindeutig voneinander getrennt werden (vgl. Wiendahl 1997b, S. 180).

[4] Produktionsfaktoren sind die in Produktionsprozessen eingesetzten Güter (vgl. Bloech 1993, S. 3405; Gutenberg 1983).

[5] Vgl. Warnecke 1996a, S. 178ff.; Bullinger 1997.

[6] Nur noch ca. 25 % der in Deutschland abhängig Beschäftigten arbeiten unter festen Normalarbeitszeitbedingungen. Andererseits können aber erst ca. 20 % über ihre Arbeitszeit mitbestimmen (vgl. Bauer 1994).

sis, welche den stochastischen Charakter der Eingangsgrößen auf die Planungsgrößen abbildet. Damit entsteht ein Instrument, mit dessen Hilfe die personalbezogenen Flexibilitätspotentiale im Hinblick auf die Markterfordernisse besser nutzbar gemacht werden.

2 Eingrenzung des Untersuchungsbereiches

2.1 Erkenntnis- und Erfahrungsgegenstand der Produktionswirtschaft

Erkenntnisgegenstand der Produktionswirtschaft ist die Transformation von Einsatzgütern durch eine zielgerichtete Bewirtschaftung von Produktionsfaktoren[1]. Unter dem Gesichtspunkt der Zweckeignung erlaubt deren Strukturierung in Potential- und Verbrauchsfaktoren[2] eine Eingrenzung auf solche Faktoren, welche nicht unmittelbar im Produkt aufgehen und damit Objekte der Gestaltung produktionswirtschaftlicher Systeme sind.

Produktionswirtschaftliche Systeme weisen aufgrund der Vielzahl, Veränderlichkeit und Vernetzung ihrer Objekte eine hohe Komplexität auf[3] [4]. Die Fülle relevanter Sachverhalte macht es erforderlich, die Produktion nicht nur als Erkenntnis-, sondern auch als Erfahrungsgegenstand zu betrachten[5]. Damit wird eine problemorientierte Sichtweise als Grundlage zweckrationalen Handelns eingenommen.

Eine unter Anwendungsgesichtspunkten bewährte erfahrungsorientierte Sichtweise auf komplexe Produktionssysteme gliedert diese in die Komponenten Mensch, Technik, Organisation und Information[6]. Eine eindeutige Abbildungsfunktion zwischen den genannten Betrachtungsweisen kann nicht angegeben werden, worin die Komplexität des Gegenstandes zum Ausdruck kommt. Gleichwohl ist die wechselseitige Betrachtung von Erkenntnis- und Erfahrungsgegenstand notwendig, um einerseits die Erkenntnis auszubauen und andererseits in der Praxis sachgerechte Entscheidungen zu ermöglichen (Bild 2-1).

---

[1] Vgl. Schweitzer 1994.

[2] Vgl. Reichwald 1991, S. 409. Verbrauchsfaktoren werden auch als Repetierfaktoren bezeichnet, da sie in kurzen Abständen neu beschafft werden müssen.

[3] Vgl. Warnecke 1993, S. 1-4; Wiendahl 1997a, S. 3-5.

[4] Komplexe Systeme zeichnen sich dadurch aus, daß die Veränderung eines Faktors sofort Änderungen in – oft sehr vielen – anderen Faktoren bewirkt (vgl. Ashby 1985, S. 21).

[5] Vgl. Schweitzer 1996, S. 1643.

[6] Vgl. REFA 1990, S. 20. Eine ähnliche Strukturierung entspricht den Aspekten des Aachener PPS-Modells (vgl. Schotten 1998, S. 11).

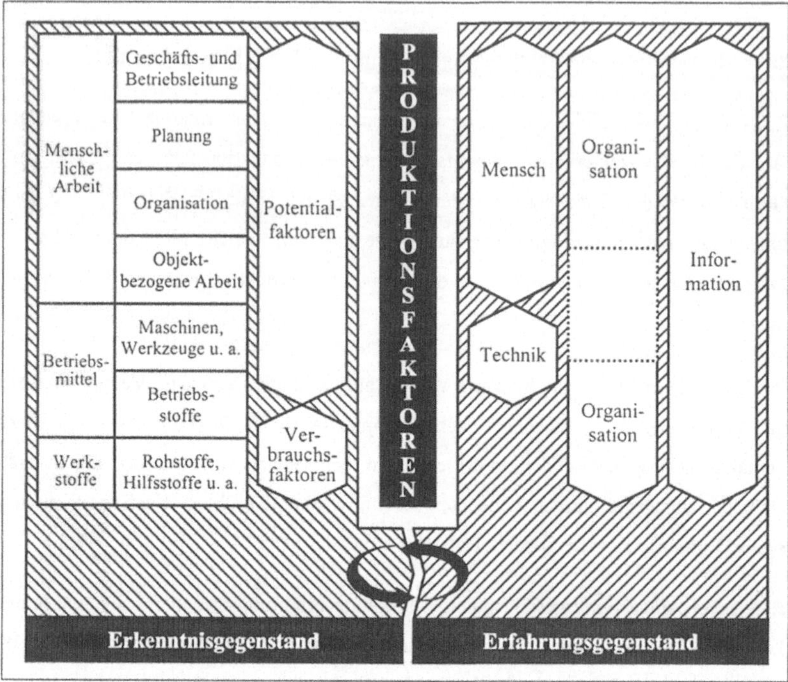

Bild 2-1: Produktionsfaktoren als Erkenntnis- und Erfahrungsgegenstand

Der Mensch ist gleichzeitig Subjekt und Objekt der Gestaltung von Produktionssystemen. Die sich hieraus ergebende Vielfalt der Einflußgrößen macht die Arbeitswissenschaft[1] zu einer Querschnittsdisziplin. Zentrale Zielsetzungen der Arbeitswissenschaft sind einerseits die Schaffung menschengerechter Arbeitsplätze und andererseits die Rationalisierung im Sinne des Wirtschaftlichkeitsprinzips[2] (Bild 2-2).

Die genannten Ziele stehen nicht prinzipiell im Widerspruch zueinander. Vielmehr kann eine persönlichkeitsförderliche Gestaltung von Arbeitsbedingungen der wesentliche Bestandteil von Ansätzen zur Steigerung der Wirtschaftlichkeit sein. Dieser Umstand

[1] Arbeitswissenschaft ist die Systematik der Analyse, Ordnung und Gestaltung der technischen, organisatorischen und sozialen Bindungen von Arbeitsprozessen (vgl. Luczak 1998, S. 7).

[2] Minimalprinzip (bestimmter Erfolg bei geringstmöglichem Mitteleinsatz) bzw. Maximalprinzip (größtmöglicher Erfolg bei bestimmtem Mitteleinsatz).

hat der ursprünglich gesellschaftspolitisch motivierten Ausweitung arbeitswissenschaftlicher Forschung eine breitere betriebswirtschaftliche Grundlage geschaffen[1].

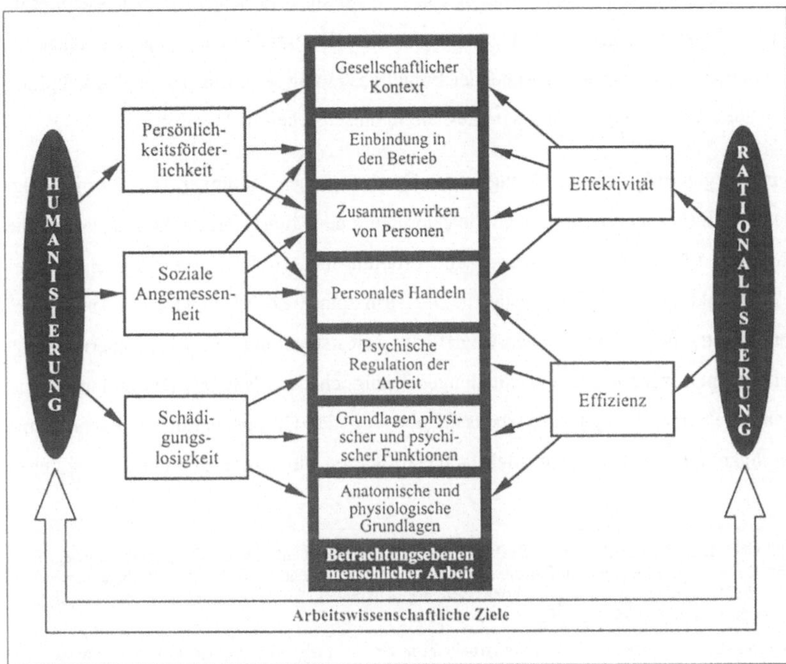

Bild 2-2: Ziele und Betrachtungsebenen der Arbeitswissenschaft[2]

Effektivitätssteigerungen gehen sowohl vom Menschen als Individuum wie auch als Mitglied einer Gruppe aus. Sein Intellekt gibt ihm die Fähigkeit zu kontext- und zielorientiertem Handeln in unscharfen Entscheidungssituationen. Diese Fähigkeit hat sich als unverzichtbar zur Beherrschung hochautomatisierter Produktionssysteme erwiesen[3]. In Produktionssystemen mit geringerem Automatisierungsgrad kann ein hohes Flexibili-

[1] Im Forschungs- und Entwicklungsprogramm „Humanisierung des Arbeitslebens" wurden bis 1986 Projekte im Gesamtvolumen von 1,1 Milliarden DM gefördert (vgl. Bokranz 1991, S. 31). Eine nachhaltige Wirkung in der industriellen Praxis war jedoch erst feststellbar, als quantifizierbare betriebswirtschaftliche Effekte aufgezeigt werden konnten (vgl. Antoni 1996, S. 25).

[2] Struktur der Ziele und Betrachtungsebenen nach Luczak 1996a, S. 150ff.

[3] Die Automatisierung in Verbindung mit integrierter Informationsverarbeitung (CIM – Computerintegrierte Produktion) ist insofern auch ein Meilenstein in der Entwicklung der Arbeitswissenschaft.

tätspotential[1] ausgeschöpft werden. In Arbeitsgruppen[2] erschließen sich durch die Zusammenarbeit mehrerer Individuen zusätzliche Effektivitätspotentiale: Eine gemeinsame Problemanalyse und Ideenfindung führt im Rahmen betrieblicher Verbesserungsarbeit[3] zu besseren Ergebnissen. Derart erschlossene Potentiale können die Grundlage für Leistungsanreize, insbesondere bei der Entgeltgestaltung sein. Eine solche Verknüpfung ist jedoch nicht zwingend und wird deshalb in dieser Arbeit nicht aufgegriffen[4].

Durch gegenseitige Unterstützung in der Gruppe können Störungen schneller beseitigt werden[5]. Insbesondere lassen sich die Zuordnung der Mitarbeiter zu Arbeitsplätzen, die Lage und Länge von Arbeitszeiten und Erholungspausen sowie die Übernahme indirekter Funktionen effektiver gestalten. Die darin zum Ausdruck kommende Autonomie[6] der Arbeitsgruppe führt auf den Begriff der Selbststeuerung[7]. In selbststeuernden Arbeitsgruppen werden alle Entscheidungen bezüglich der Planung[8], Durchführung und Kontrolle[9] einer komplexen Arbeitsaufgabe von der Gruppe getroffen. Kommt eine durchgängige und homogene Mehrfachqualifikation hinzu, die zu einem einheitlichen

---

[1] Flexibilität ist die Fähigkeit eines Systems, sich Veränderungen anzupassen. Der Flexibilitätsbegriff ist im Kontext der Produktion auf alle Gestaltungsebenen zu beziehen und reicht vom Variantenwechsel bis zur Umgestaltung eines Produktionssystems im Hinblick auf eine gewandelte Aufgabenstellung (vgl. Schneeweiß 1996, S. 489f.).

[2] Gruppenarbeit ist nach Antoni „eine Arbeitsform, bei der mehrere Personen über eine gewisse Zeit, nach gewissen Regeln und Normen, eine aus mehreren Teilaufgaben bestehende Arbeitsaufgabe bearbeiten, um gemeinsame Ziele zu erreichen, und die dabei unmittelbar zusammenarbeiten und sich als Gruppe fühlen" (vgl. Antoni 1994, S. 25). In jüngerer Zeit findet der Begriff *Teamarbeit* zunehmend Verbreitung. Trotz einiger definitorischer Abgrenzungsbemühungen ist in der Praxis eine scharfe Trennung zwischen Gruppen- und Teamarbeit nicht möglich (vgl. Antoni 1996, S. 9).

[3] Vgl. Imai 1997.

[4] Die Frage einer nachhaltig positiven Wirkung monetärer Anreize ist umstritten (vgl. Schanz 1993, S. 477ff.; Ulich 1992, S. 321ff.; Sprenger 1997).

[5] Andererseits treten in Arbeitsgruppen auch Konkurrenzsituationen auf, die zu sozialen Konflikten führen können und denen mit geeigneten Konfliktbewältigungsansätzen zu begegnen ist (vgl. Sader 1998; Berkel 1984; Grunwald 1996). Dieser Aspekt der Gestaltung von Gruppenarbeit wird in der vorliegenden Arbeit nicht weiter behandelt.

[6] Oft wird auch präziser von *Teil*autonomie gesprochen, denn durch die Einbindung in das betriebliche Umfeld ist immer von einem beschränkten Handlungsfreiraum auszugehen (vgl. Bokranz 1991, S. 321ff.; Euler 1993, S. 536ff.).

[7] Vgl. Bokranz 1991, S. 312ff. Andere Autoren sprechen in diesem Zusammenhang von *Selbstregulation* (vgl. Ulich 1992, S. 165ff.) bzw. *Selbstabstimmung* (vgl. Kieser 1992, S. 106ff.).

[8] Planung ist die Projektion gewollten Tuns in die Zukunft (vgl. Röschlau 1990, S. 5).

[9] Kontrolle ist der Vergleich zwischen geplanten und realisierten Größen sowie die Analyse von Abweichungsursachen (vgl. Gabler 1997, S. 2232; MacFarlane 1993).

Qualifikationsniveau in der Arbeitsgruppe führt, sind alle Gruppenmitglieder in der Lage, jeden Arbeitsplatz innerhalb der Gruppe zu besetzen[1].

Bei der Bewältigung einer Arbeitsaufgabe nutzt der Mensch die Technik[2]. Technische Einrichtungen haben eine prägende Wirkung auf das Produktionssystem[3]. Aus arbeitswissenschaftlicher Sicht ist die zeitliche Kopplung zwischen den von Menschen und den von Maschinen verrichteten Vorgängen hervorzuheben. Mit steigendem Automatisierungsgrad ist diesbezüglich eine zunehmende Entkopplung beobachtbar[4]. Die Funktion des Bedieners beschränkt sich in steigendem Maße auf Überwachungs- und Nebentätigkeiten. Die Mengenleistung ist dann durch die technische Auslegung der Maschine bestimmt und vom Bediener im engeren Sinne nicht beeinflußbar[5]. Dem stehen Arbeitssysteme[6] gegenüber, deren Mengenleistung unmittelbar vom Arbeitsverhalten des Menschen abhängt. Der Mensch führt hierbei mentale und manuelle Tätigkeiten aus und bedient sich u. U. technischer Hilfsmittel. Übersteigt die Verfügbarkeit von Betriebsmitteln und Werkstoffen zu jedem Zeitpunkt den Bedarf[7], wird die menschliche Arbeit zum limitierenden Faktor des Produktionsprozesses.

Eine enge Verknüpfung zwischen dem Einsatzfaktor Arbeit und der Mengenleistung des Produktionssystems ist also in durch manuelle Tätigkeiten geprägten Arbeitssystemen gegeben. Dies bedeutet, daß die Disposition des Einsatzfaktors Arbeit in solchen Arbeitssystemen – aufgrund der zunehmenden Flexibilitätserfordernisse – besondere Aufmerksamkeit erfordert.

---

[1] Vgl. Kaluza 1996, S. 615; Eissing 1993, S. 316ff.; Seitz 1993, S. 49ff.

[2] Technik ist die konkrete Anwendung von Wissen über Wege zur Problemlösung. Dieses Wissen wird als Technologie bezeichnet (vgl. Ewald 1989, S. 33ff.). Technik findet Verwendung in Produkten und in der Produktion. In dieser Arbeit wird Technik nur im Kontext der Produktion betrachtet.

[3] Zur Bedeutung einer integrierten Betrachtung von Mensch und Technik vgl. Bullinger 1994, S. 19ff.

[4] Vgl. Spur 1991, S. 586.

[5] In der Gesamtbilanz ist hingegen von einer Einflußnahme des Bedieners auf die Mengenleistung auszugehen, da die Verfügbarkeit der Maschine von Entscheidungen des Bedieners abhängt (vgl. Hammer 1991, S. 65ff.).

[6] Ein Arbeitssystem umfaßt die Elemente Mensch, Betriebsmittel und Arbeitsgegenstand, welche zielgerichtet zusammenwirken (vgl. Wobbe 1993, S. 38f.).

[7] Eine großzügige Dimensionierung des Betriebsmittelangebotes wird zunehmend als Gestaltungsoption genutzt (vgl. Warnecke 1997, S. 22f.).

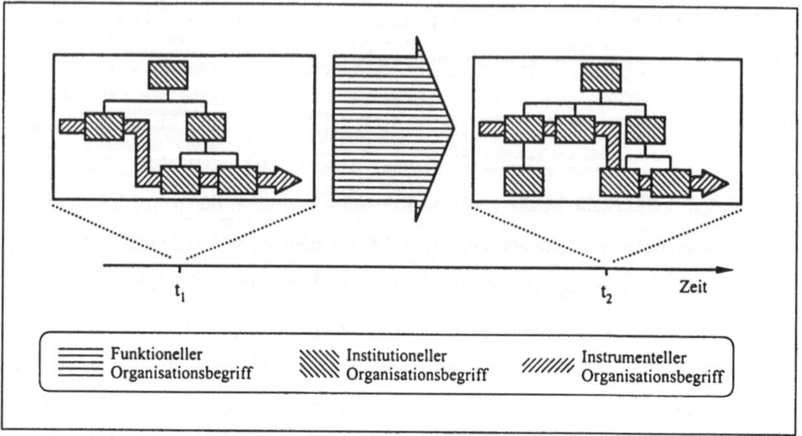

Bild 2-3: Deutungen des Organisationsbegriffes

Die Lenkung der Einsatzfaktoren Mensch und Technik erfolgt durch die betriebliche Organisation[1]. Der Organisationsbegriff erfährt eine funktionelle[3], institutionelle[4] und instrumentelle[5] Deutung (Bild 2-3). Während der *funktionelle* Organisationsbegriff auf den *Prozeß* der Veränderung abhebt, stehen die instrumentelle und institutionelle Sichtweise in unmittelbarer Beziehung zur Flexibilität von Produktionssystemen:

In *instrumenteller* Hinsicht gilt dies für die Zuordnung von Arbeitsaufgaben zu Personen und Betriebsmitteln, das räumliche und zeitliche Ineinandergreifen der Arbeitsaufgaben sowie die Formen der Zusammenarbeit.

In *institutioneller* Hinsicht ist auf die Gliederung der Produktion in Organisationseinheiten zu verweisen. Ein hohes Flexibilitätspotential bietet in diesem Zusammenhang die Organisationsform der Gruppenarbeit[6].

---

1 Vgl. Zimmermann 1996a, S. 444.

2 Vgl. Luczak 1996c, S. 12-39.

3 *Gestaltung* von Zusammenhängen und Abläufen.

4 *Beziehungen* zwischen Personen und Einrichtungen im betrieblichen Kontext.

5 System von formellen und informellen *Regelungen*.

6 Vgl. Euler 1993, S. 535 und 540.

Dem Gestaltungsfeld dieser Arbeit wird der instrumentelle Organisationsbegriff zugrunde gelegt. Eine Veränderung der funktionellen Einordnung einer Arbeitsgruppe in die betriebliche Organisation und das Beziehungsgeflecht im Außenverhältnis werden nicht betrachtet, weil sie einem anderen Zeithorizont zuzuordnen sind[1].

Jegliche Organisation ist angewiesen auf Information. Informationen sind Kenntnisse, die der Vorbereitung von Handlungen dienen[2]. Aufgrund ihrer steigenden Bedeutung[3] wird Information zunehmend als eigenständiger Produktionsfaktor aufgefaßt[4]. Folgerichtig existiert in den Unternehmen ein explizites oder implizites Informationsmanagement. Die hierbei zu erfüllenden Teilfunktionen sind in Bild 2-4 dargestellt. Hervorzuheben ist, daß die Speicherung, Übertragung und Verarbeitung von Information nicht an einen speziellen Informationsträger gebunden ist. Insofern ist die Informatik nur eine Teildisziplin des Informationsmanagements, wenngleich ihr im modernen Industriebetrieb eine Schlüsselrolle zukommt[5].

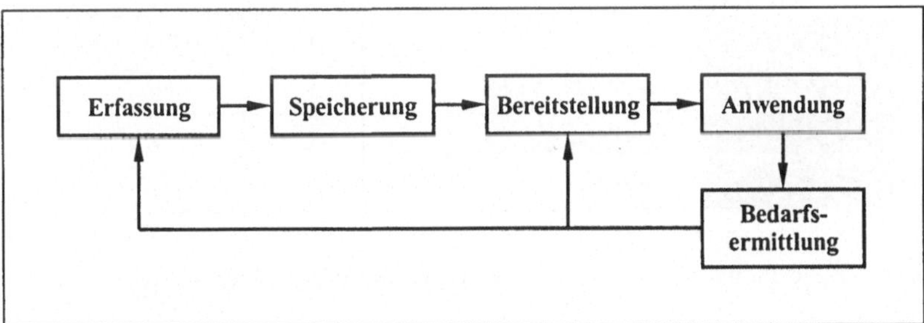

Bild 2-4: Teilfunktionen des Informationsmanagements

[1] Vgl. Abschnitt 2.3.

[2] Vgl. Wittmann 1959, S. 14. Der Informationsbegriff ist abzugrenzen vom Datenbegriff. Erst durch einen Problembezug werden Daten zu Informationen.

[3] Der Bedeutungszuwachs von Information in der Produktion ist auf steigenden Bedarf einerseits und bessere Hilfsmittel zur automatisierten Verarbeitung und Übertragung andererseits zurückzuführen.

[4] Gleichwohl gibt es keine eindeutige Einordnung in die erkenntnisorientierte Systematik von Produktionsfaktoren (vgl. Krcmar 1996, S. 720).

[5] In jüngerer Literatur werden computergestützte Informationssysteme als (alleiniges) Gestaltungsfeld des Informationsmanagements betrachtet (vgl. Scheer 1997). Diese Sichtweise greift zu kurz. Informelle Kommunikation ist in der betrieblichen Realität unverzichtbar (vgl. Ulich 1992, S. 237ff.).

2.2 Flexibilität in der Produktion

Die Vielschichtigkeit des Flexibilitätsbegriffes steht einer stringenten Begriffsbildung im Wege[1]. Für die Produktionswirtschaft ist eine Zuordnung der hier betrachteten Produktionsfaktoren zu qualitativen und quantitativen Flexibilitätsaspekten möglich (Bild 2-5). Die Übersicht zeigt, daß eine Vielzahl von Ansatzpunkten zur Einstellung des geeigneten Flexibilitätsmaßes[2] existiert. Diese Aufgabe ist aufgrund der Verflechtung der Ansatzpunkte sehr komplex. Hierbei ist auch zu berücksichtigen, daß der Flexibilitätsbegriff zusätzlich eine zeitliche Dimension hat und insofern zwischen kurz-, mittel- und langfristiger Anpassung zu unterscheiden ist.

	Qualitative Flexibilität	Quantitative Flexibilität
Mensch	Breites Qualifikationsprofil	Arbeitszeitkonten
Technik	Vielseitige Fertigungsmittel Standardisierte Konstruktion	Investition Desinvestition
Organisation	Freizügige Durchlaufstruktur Adaptive Planung	Redundante Betriebsmittel Speicherfähigkeit Outsourcing
Information	Konfigurierbare Schnittstellen Aktuelle, konsistente Daten	Offene Systemarchitektur Modulstruktur

Bild 2-5: Flexibilitätsfelder in der Produktion und Grundlagen ihrer Nutzung

Isolierte Veränderungen von Einzelaspekten führen nicht zu einer nachhaltigen Steigerung der Flexibilität. Als Beispiel kann die Einführung flexibler Fertigungstechniken gelten, welche sich in der auf den Technikaspekt fokussierten Ausprägung nicht durch-

[1] Vgl. Chryssolouris 1996, S. 581f. sowie die Übersichtsdarstellungen bei Schneeweiß 1996, Sarker 1994 und Kaluza 1993. Gelegentlich, vorrangig im betriebswirtschaftlichen Kontext, wird der Begriff Elastizität synonym verwendet (vgl. Pack 1974, S. 1251; Schneeweiß 1990).

[2] Ein Flexibilitätsmaß dient der qualitativen oder quantitativen Beschreibung der Flexibilität eines Systems.

setzen, aber in abgewandelter Form und eingebunden in das betriebliche Umfeld zum industriellen Standard bis hin zum Innovationstreiber entwickeln konnten[1].

Flexibilität in einem Produktionssystem ist ein Mittel zur Zielerreichung; erst im Kontext der Anwendung manifestiert sich ihr Nutzen. Es ist daher sorgfältig zu prüfen, welcher Flexibilitätsaspekt und welches Flexibilitätsmaß zweckdienlich ist. Diese Entscheidungsaufgabe wird durch die Problematik erschwert, den wirtschaftlichen Nutzen der Flexibilität zu quantifizieren.

Ein praxisorientiertes, universelles Flexibilitätsmaß existiert nicht. Deshalb werden im Einzelfall geeignete Beschreibungsgrößen gewählt[2]. Dieser Anwendungskontext erschwert eine schlüssige Verknüpfung zwischen den Aktionsparametern[3] der Flexibilität und deren Wirkungen. Die vorliegende Arbeit soll dazu dienen, im betrachteten Gegenstandsbereich eine solche Verknüpfung herzustellen.

2.3 Kapazität in der Produktion

Besondere Bedeutung erlangt betriebliche Flexibilität im Kontext des Kapazitätsbegriffes. Die Kapazität bezeichnet das Leistungspotential einer wirtschaftlichen oder technischen Einheit – beliebiger Art, Größe und Struktur – in einem Zeitabschnitt[4]. Je nach Sichtweise hebt der Kapazitätsbegriff auf den Objektumfang, die Bemessungsperiode, das Leistungsvermögen oder die verwendeten Maßgrößen ab (Bild 2-6).

Der Objektumfang wird durch die betrachteten Produktionsfaktoren, in erster Linie die Potentialfaktoren[5] bestimmt. Insofern ist zwischen der menschlichen Arbeit und den Betriebsmitteln zu unterscheiden. Neben der so beschriebenen Produktionskapazität kann sich der Kapazitätsbegriff, vornehmlich in der Produktionsendstufe, auch auf das Produkt beziehen; man spricht dann folgerichtig von der Produktkapazität. In dieser

[1] Vgl. Klingel 1997, S. 47.

[2] Zu den Dimensionen und zugeordneten Beschreibungsgrößen der Flexibilität in der Produktion vgl. Vähning 1984, insbes. S. 25ff. und 97f.

[3] Aktionsparameter sind vom Entscheidungsträger im Rahmen der Entscheidung direkt beeinflußbare Größen (vgl. Gabler 1997, S. 94).

[4] Vgl. Kern 1962, S. 27.

[5] Vgl. Bild 1-1.

Arbeit wird die Kapazität menschlicher Arbeit in den Vordergrund gestellt und mit der Produktkapazität in Beziehung gesetzt. Kapazitäten von Betriebsmitteln und Werkstoffen werden hier hingegen als jederzeit im erforderlichen Umfang verfügbar betrachtet. Eine entsprechende Auslegung von Montagesystemen wird in der Praxis zunehmend favorisiert, sofern die Kostenstruktur dies zuläßt[1].

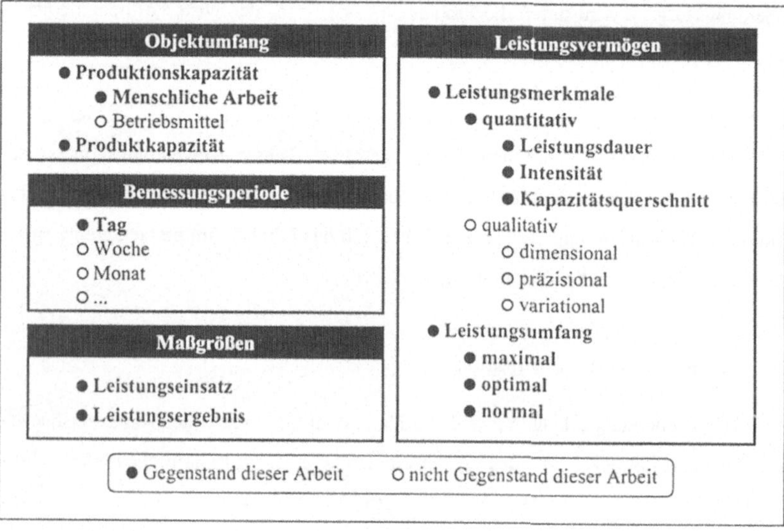

Bild 2-6: Dimensionen des Kapazitätsbegriffs[2]

Die Länge der Bemessungsperiode wird im Hinblick auf die Anwendung gewählt. Sie kann beispielsweise ein Tag, eine Woche, ein Monat oder ein Quartal sein. Bei der Festlegung der Bemessungsperiode ist zu berücksichtigen, daß die Periodenlänge im Einklang mit der Frequenz auftretender Schwankungen stehen soll[3]. Für die Betrachtung der Kapazität menschlicher Arbeit ist der Arbeitstag eine gebräuchliche Periode, weil einerseits die Terminierung von Aufträgen in der Regel auf den Betriebskalendertag abhebt und andererseits der Tag ein der menschlichen Anschauung und Physiologie

[1] Vgl. Abschnitt 2.1.

[2] Vgl. Kern 1993.

[3] Vgl. Kern 1975.

besonders entgegenkommender Bezugszeitraum ist[1]. Aus diesem Grund ist der Arbeitstag die in dieser Arbeit betrachtete Bemessungsperiode der Kapazität.

Maßeinheiten der Kapazität können den Leistungs*einsatz* oder das Leistungs*ergebnis* beschreiben. Der Leistungseinsatz ist nur dann ein sinnvolles Maß, wenn eine eindeutige Beziehung zwischen Einsatz- und Ergebnisgrößen vorliegt[2]. Für die Ziele bzw. den Rahmen dieser Arbeit werden dem Objektumfang entsprechend Maße für Einsatz- und Ergebnisgrößen verwendet.

Hinsichtlich des Leistungsvermögens ist zwischen beschreibenden Merkmalen und dem erreichbaren Leistungsumfang zu unterscheiden. Die Merkmale gliedern sich in quantitative Größen, z. B. den Kapazitätsquerschnitt, der die Anzahl parallel einsetzbarer Produktionsfaktoren wiedergibt, und qualitative Größen, die vornehmlich auf technische Aspekte abzielen[3]. Der Leistungsumfang ist für die Beschreibung der Kapazität von Humanfaktoren von außerordentlicher Bedeutung. Während der *Maximal*wert eine erreichbare Obergrenze darstellt, ist die *Normal*leistung ein auf Dauer zu haltendes Niveau[4]. Je nach Beanspruchungsart liegt die Dauerleistungsfähigkeit bei 15 – 25 % der Maximalleistungsfähigkeit[5]. Als dritte Kenngröße ist der *optimale* Leistungsumfang definiert, der auf das ökonomische Wirtschaftlichkeitsprinzip abhebt. Aufgrund der marktseitigen Anforderungen an die Leistungserbringung[6] werden in dieser Arbeit quantitative Leistungsmerkmale und der realisierte Leistungsumfang betrachtet.

In Abhängigkeit von der Organisation des Produktionsablaufes können die Kapazitäten mit einem oder mehreren Aufträgen[7] belegt werden. Letzteres führt zu einer Parallelbearbeitung dieser Aufträge, die in der Regel zeitlich versetzt begonnen und beendet wer-

---

[1] Der primäre endogene Rhythmus des Menschen ist der Tag (vgl. Bokranz 1991, S. 151).

[2] Vgl. Kern 1962, S. 155.

[3] Dimensionale Größen beschreiben Abmessungen, präzisionale Größen Genauigkeiten, variationale Größen die Spannweite und Schnelligkeit einer Änderung.

[4] Die Normalleistung ist diejenige Leistung, welche noch nicht zu einem stetigen Beanspruchungsanstieg führt (vgl. Bokranz 1991, S. 110).

[5] Vgl. Schulte 1980; Bullinger 1994, S. 45ff.

[6] Vgl. Kapitel 1.

[7] Ein Auftrag im Sinne dieser Arbeit wird beschrieben durch den Auftragsgegenstand, die herzustellende Menge und den einzuhaltenden Termin.

den. Im Rahmen dieser Arbeit wird unterstellt, daß sich zu jedem Zeitpunkt nur ein Auftrag in Bearbeitung befindet[1].

2.4 Aktionsfelder flexibler Kapazitätsabstimmung

Die zur Verfügung stehenden Verfahren der operativen Kapazitätsabstimmung[2] haben unterschiedliche Auswirkungen im Innen- und Außenverhältnis des Unternehmens[3] (Bild 2-7):

Eine *Belastungsanpassung* steht unter dem Vorbehalt der Verfügbarkeit entsprechender Anbieter bzw. Aufträge. Als Maßnahme, die nicht auf die Optimierung der betriebsinternen Abläufe zielt und meist nicht kurzfristig umsetzbar ist, wird sie im folgenden nicht weiter betrachtet.

Ein *Belastungsabgleich* wird als zulässig eingestuft, wenn seine Auswirkungen ausschließlich das Innenverhältnis des Unternehmens betreffen und insbesondere nicht zu einer Verschiebung des Liefertermins führen. Unter diesem Vorbehalt ist es z. B. zulässig, in Abstimmung mit den Verantwortlichen der nachfolgenden Produktionsstufen einen internen Termin zu variieren[4]. In diesem Zusammenhang werden aus Gruppensicht zwar Terminierungsfragen berührt, diese beschränken sich jedoch auf die Feinsteuerung und sind abzugrenzen von der Kapazitätsterminierung[5].

Die *Kapazitätsanpassung* ist das wesentliche Aktionsfeld der marktnahen Kapazitätsabstimmung und bildet aufgrund ihres hohen Flexibilitätspotentials den Ansatzpunkt der vorliegenden Arbeit.

---

[1] Dies trifft zu, wenn die Gruppenmitglieder einen Auftragsgegenstand gemeinsam bearbeiten bzw. montieren. Derartige Arbeitssituationen sind typisch für die Montage bei großen Arbeitsvolumina oder auch bei einfachen Tätigkeiten, die nur von mehreren Personen gemeinsam ausgeführt werden können.

[2] Die Kapazitätsabstimmung ist eine Teilfunktion der Kapazitätsplanung; sie bringt den Kapazitätsbedarf mit den verfügbaren Kapazitäten (=Kapazitätsangebot) in Einklang (vgl. Eversheim 1997, S. 139f.).

[3] Vgl. Wiendahl 1997a, S. 323.

[4] Dieses Aktionsfeld bildet sich bei teilautonomer Gruppenarbeit selbständig heraus, indem die beteiligten Gruppen sich auf informellem Wege abstimmen. Das so umrissene Flexibilisierungspotential soll auch im Rahmen dieser Arbeit genutzt werden.

[5] Vgl. Wiendahl 1997a, S. 328.

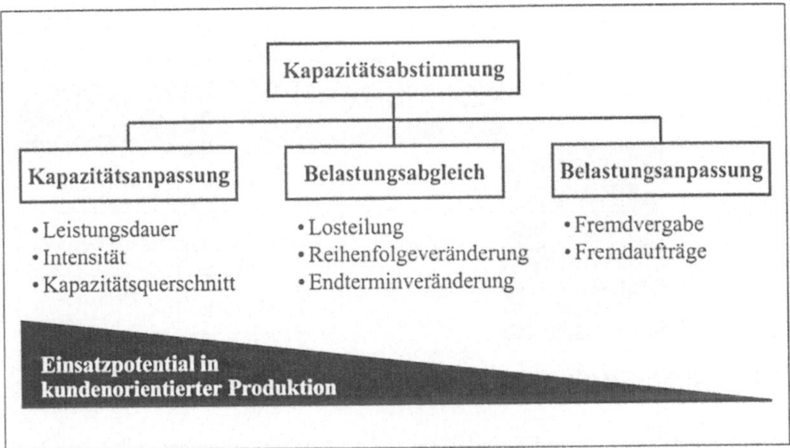

Bild 2-7: Verfahren der operativen Kapazitätsabstimmung

Die Aktionsfelder flexibler Kapazitätsanpassung ergeben sich durch Zuordnung der Leistungsmerkmale zu den primären Kapazitätsobjekten (Bild 2-8). Dies bedeutet, daß im Rahmen dieser Arbeit die Arbeitszeit, die Arbeitsleistung und die Personalstärke thematisiert werden. Diese Aktionsfelder sind hinsichtlich ihrer Bedeutung unterschiedlich einzuschätzen:

Die Personalstärke ist durch Personalumsetzung veränderbar, was aus Gruppensicht eine externe Maßnahme darstellt[1]. Implizit erfolgt eine Anpassung der Personalstärke auch durch eine chronometrische[2] Flexibilisierung der Arbeitszeit, die zu einem stark an Bedeutung gewinnenden Instrument der Betriebsführung geworden ist[3]. Die dargestellte Systematik legt nahe, an dieser Stelle auch die Frage nach einer Flexibilisierung der Arbeitsleistung aufzuwerfen.

---

[1] Aufgrund der damit verbundenen erheblichen Koordinierungsaufgaben ist eine Personalumsetzung nur bedingt als Element der Selbststeuerung in Arbeitsgruppen aufzufassen.

[2] Der chronometrische Flexibilisierungsansatz betrifft die Dauer, d. h. das Volumen der Arbeitszeit. Der chronologische Ansatz (vgl. Abschnitt 3.2.1) betrifft die Verteilung der Arbeitszeit auf kürzere Bezugszeiträume und die Lage der Arbeitszeit im Tagesablauf (vgl. Schneeweiß 1992, S. 43f.).

[3] Vgl. Bullinger 1995, S. 265ff.; Klein 1992.

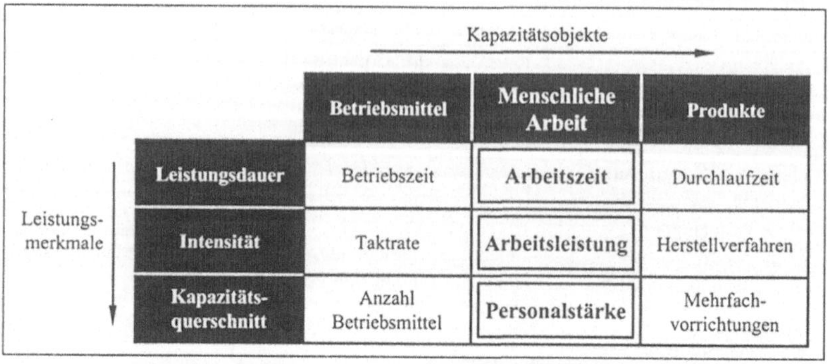

Kapazitätsobjekte →

Leistungsmerkmale ↓

	Betriebsmittel	Menschliche Arbeit	Produkte
Leistungsdauer	Betriebszeit	Arbeitszeit	Durchlaufzeit
Intensität	Taktrate	Arbeitsleistung	Herstellverfahren
Kapazitätsquerschnitt	Anzahl Betriebsmittel	Personalstärke	Mehrfachvorrichtungen

Bild 2-8: Aktionsfelder personalorientierter Kapazitätsanpassung

Für die vorstehenden Begriffe sind quantitative Maße zu bestimmen, mit deren Hilfe diese Größen für ein Planungsverfahren nutzbar gemacht werden. Da im Rahmen dieser Arbeit die Personalressourcen[1] im Vordergrund stehen, ist der Berührungspunkt zwischen der Produktions- und Personalplanung betroffen (Bild 2-9).

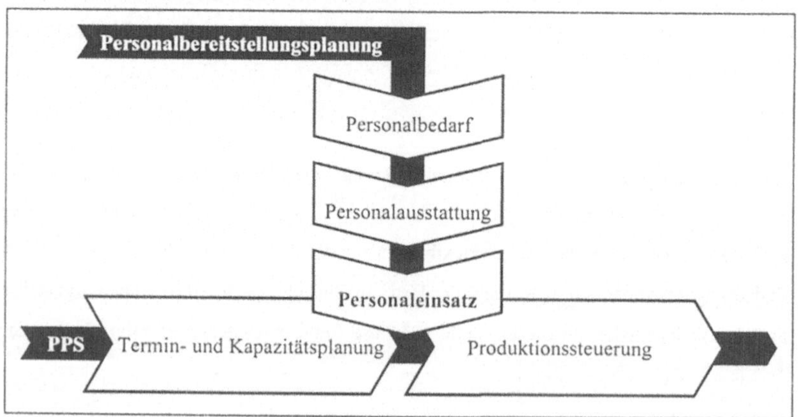

Bild 2-9: Berührungspunkt zwischen Produktions- und Personalplanung[2]

[1] Ressourcen im Sinne dieser Arbeit sind Mittel, die in die Produktion von Gütern und Dienstleistungen eingehen bzw. Verwendung finden (Vgl. Gabler 1997, S. 3266). Der Begriff Ressourcen ist ein im industriellen Kontext gebräuchliches Synonym für Produktionsfaktoren (vgl. Kapitel 1 und Abschnitt 2.1).

[2] Zur Terminologie der genannten Planungsbereiche vgl. Weber 1996, S. 1386 und Wiendahl 1997a, S. 249ff.

Zusammenfassend ist festzuhalten, daß eine flexible operative Anpassung von Personalkapazitäten in gruppenorientierten, selbststeuernden Arbeitssystemen hinsichtlich der Leistungsdauer, der Intensität und des Kapazitätsquerschnittes – in Kombination mit einem Belastungsabgleich – geeignet ist, unter den aktuellen betrieblichen Rahmenbedingungen eine optimale Bewirtschaftung der personalseitigen Produktionsfaktoren[1] zu gewährleisten. Es stellt sich die Frage nach einer geeigneten organisatorischen und informationsseitigen Unterstützung dieser Aufgabe.

[1] Insofern kann auch von einer Bewirtschaftung der Arbeit bzw. Arbeitswirtschaft gesprochen werden (vgl. Landau 1996, S. 24). Neben diese „enge" Auslegung des Begriffes Arbeitswirtschaft tritt eine „weite" Begriffsfassung, welche die Systematik *aller* arbeitswissenschaftlich begründeten Maßnahmen der Arbeitsgestaltung einbezieht (vgl. Zülch 1993, S. 91f.; Haffner 1989, S. 208). Der Gegenstandsbereich dieser Arbeit bezieht sich auf den engen Arbeitswirtschaftsbegriff.

3 Anforderungen an ein Verfahren zur Kapazitätsabstimmung in Arbeitsgruppen

Die Kapazitätsabstimmung ist eine Teilfunktion des gesamten Prozesses der Auftragsabwicklung. Bild 3-1 zeigt den für diese Arbeit relevanten Ausschnitt der Prozeßkette in Form eines Vorgangskettendiagramms[1], gegliedert nach den Sichtweisen Organisationseinheiten, Funktionen und Daten. Diese drei Sichtweisen strukturieren die Anforderungen an ein Verfahren[2] zur Kapazitätsabstimmung in Arbeitsgruppen[3]. Neben der Abstimmungsfunktion selbst sind hierbei die aus Gruppensicht relevante Funktion der Rückmeldung sowie die verarbeiteten Daten in Form von Grund- und Kapazitätsdaten zu betrachten.

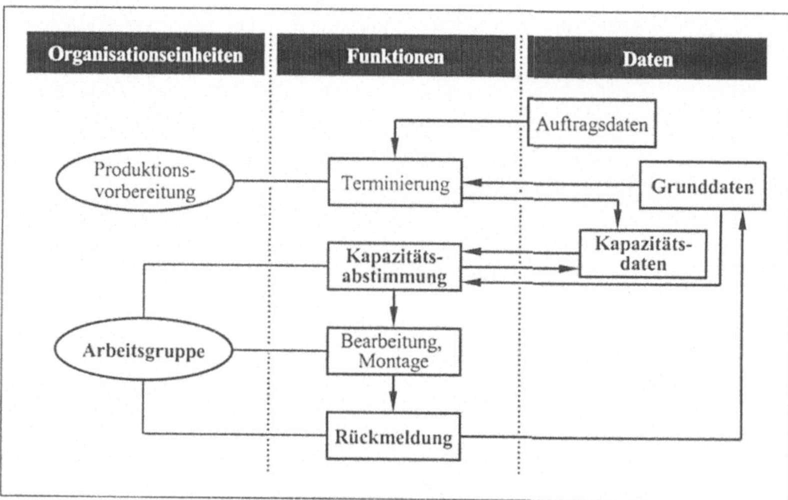

Bild 3-1: Vorgangskettendiagramm der operativen Auftragsabwicklung[4]

---

[1] Ein Vorgangskettendiagramm gibt die Beschreibungssichten (Organisationseinheiten, Funktionen, Daten und ihr Zusammenwirken) auf den Prozeßablauf wieder (vgl. Scheer 1997, S. 18f.).

[2] Ein Verfahren bestimmt neben einer Methode die zu deren Anwendung erforderlichen Aufgabenträger und Hilfsmittel. Unter einer Methode versteht man ein System von Vorschriften zur Verarbeitung von Informationen (vgl. Dangelmaier 1986, S. 22).

[3] Die Notwendigkeit eines solchen Verfahrens begründet sich durch die in Kapitel 2 beschriebene Komplexität des Betrachtungsgegenstandes.

[4] In Anlehnung an Scheer 1997, S. 206.

3.1 Anforderungen aus Organisationssicht

Akteure des in dieser Arbeit beschriebenen Verfahrens sind die Mitglieder der betrachteten Arbeitsgruppe. Sie entscheiden im Rahmen der Abstimmungsfunktion über die Maßnahmen zur Kapazitäts- oder Bedarfsanpassung[1]. Hierzu sind der Aufgabe angemessene Interaktions-, Dispositions-, Entscheidungs- und Handlungsräume[2] zu definieren, die den zulässigen Aktionsrahmen beschreiben. Sie müssen so bemessen sein, daß den Mitarbeitern hinreichende Optimierungsmöglichkeiten offenstehen; gleichzeitig muß die Aufgabe aber so strukturiert sein, daß die Mitarbeiter die Komplexität der Aufgabe beherrschen[3]. Dies begründet sich nicht nur aus dem Interesse an einem optimalen Planungsergebnis, sondern auch aus motivationstheoretischer Sicht[4].

Die Beherrschung komplexer Entscheidungssituationen läßt sich durch eine geeignete informatorische Unterstützung wesentlich erleichtern, indem die im jeweiligen Kontext relevanten Sachverhalte ermittelt und bereitgestellt werden. Gegenstand, Menge und Darstellungsform der Informationen sind so zu wählen, daß für die jeweilige Entscheidungssituation die Einfluß- und Wirkgrößen transparent gemacht werden. Eine für den Empfänger der Information besonders geeignete Bereitstellungsform basiert auf der visuellen Wahrnehmung[5]. Hieraus folgt für das Gestaltungsfeld dieser Arbeit, daß die zur Bewältigung der Abstimmungsaufgabe relevanten Sachverhalte geeignet aufzubereiten und zu visualisieren sind, um der Arbeitsgruppe eine optimale Entscheidungsunterstützung zu bieten[6].

---

[1] Dies entspricht dem Konzept der „free choice situation" (Wahl- und Entscheidungssituation) im Gegensatz zur „forced compliance situation" (Zwang zu spezifischem Arbeitsverhalten infolge technisch-organisatorischer Rahmenbedingungen) (vgl. Euler 1977, S. 292).

[2] Vgl. Euler 1993, S. 543; Westkämper 1995, S. 92ff.

[3] Im Kontext dieser Arbeit bezieht sich diese Anforderung auf *alle* Mitglieder der Arbeitsgruppe (vgl. Abschnitt 2.1).

[4] Weder monotone Tätigkeiten noch sehr komplexe Arbeitssituationen haben einen günstigen Einfluß auf das Leistungsverhalten (vgl. Neuberger 1974, S. 55; Heckhausen 1989, S. 49).

[5] Vgl. Bredemeier 1994. Die Visualisierung fungiert dabei als Decoder, der den Sendercode – die Aspekte des Themas – in den Empfängercode – die Interessen des Informationsempfängers – überträgt.

[6] Vgl. Abschnitt 3.3.2.

Des weiteren ist aus Organisationssicht die Formulierung eines Gütekriteriums zu fordern, das die Arbeitsgruppe in die Lage versetzt, die Bewältigung der Abstimmungsaufgabe selbst zu beurteilen, um so ein organisationales Lernen zu ermöglichen[1].

3.2 Anforderungen aus Funktionssicht

3.2.1 Abstimmungsfunktion

Ziel der Kapazitätsabstimmung ist es, das Kapazitätsangebot und den Kapazitätsbedarf in der betrachteten Organisationseinheit, hier einer Arbeitsgruppe, periodenrichtig zur Deckung zu bringen[2]. Dabei sind – den Ausführungen im Abschnitt 2.4 entsprechend – sowohl die Angebots- als auch die Bedarfsseite disponibel.

Die zentrale Teilfunktion der Kapazitätsabstimmung ist im Rahmen dieser Arbeit die Kapazitäts*anpassung*, welche die Angebotsseite des Kapazitätsbegriffes instrumentalisiert. Die Flexibilisierung der Leistungsdauer ist dabei abhängig von der Existenz eines flexiblen Arbeitszeitmodells, welches eine chronometrische Variation der Arbeitszeiten einzelner Mitarbeiter erlaubt. Bestimmungsgrößen eines flexiblen Arbeitszeitmodells sind der Zeitkorridor, der die zulässige Schwankungsbreite des individuellen Zeitsaldos festschreibt, der Ausgleichszeitraum, innerhalb dessen ein Ausgleich von positiven und negativen Salden erfolgt[3], und das Zeitfenster im Tagesablauf[4].

---

[1] Gegenstand des organisationalen Lernens ist ein meßbarer, aber nicht direkt beobachtbarer Vorgang in Kollektiven, der eine verbesserte Bewältigung bekannter oder die Befähigung zur Bewältigung neuer Aufgaben zur Folge hat (vgl. Garvin 1994; Kröll 1997; Leonard-Barton 1994; Probst 1998; Westkämper 1997b, S. 231ff.).

[2] Die Forderung, in einer Periode (in dieser Arbeit während eines Arbeitstages, vgl. Abschnitt 2.3) eine Kapazitätsabstimmung herbeizuführen, ist schwächer im Vergleich zu einer kontinuierlichen Abstimmung, weil innerhalb der Periode Dispositionsspielräume verbleiben. In entkoppelten Arbeitssystemen ist dieser Ansatz angemessen. Er liegt vielen modernen betrieblichen Gestaltungskonzepten zugrunde (vgl. Tikart 1994, S. 698).

[3] Üblicherweise wird während des Ausgleichszeitraums eine mindestens einmalige Berührung oder Überquerung des Nullsaldos gefordert. In der betrieblichen Praxis zeigt sich oft eine Tendenz zu positiven Salden, was auf menschliche Sicht- und Verhaltensweisen (sog. „Hamstereffekt") zurückzuführen ist (vgl. Dombrowski 1988, S. 109f.).

[4] Zu den Grundmustern flexibler Arbeitszeitmodelle vgl. Linnenkohl 1996. Das Grundmuster der „amorphen" Arbeitszeit entspricht dem in dieser Arbeit thematisierten Flexibilisierungsansatz (vgl. ebd., S. 135ff.). Zunehmend werden die positiven Auswirkungen auf Betrieb *und* Mitarbeiter betont (vgl. Mies 1997, S. 202ff.).

Breite Zeitkorridore sind unter Flexibilitätsgesichtspunkten von Vorteil, solange sie auch tatsächlich – in beide Richtungen – genutzt werden. In einigen Fällen werden mehrere Zeitkorridore definiert, die sich in ihrer Breite unterscheiden; die Inanspruchnahme der breiteren Korridore wird dann von der Genehmigung durch Führungskräfte abhängig gemacht. Eine Selbststeuerung der Arbeitsdauer bezieht sich in diesem Sinne ausschließlich auf den Korridor, der vom Mitarbeiter ohne Genehmigung Dritter unmittelbar zugänglich ist[1]. Der Ausgleichszeitraum überdeckt mindestens, sofern vorhanden, *eine* Periode der zyklischen Komponente[2] des Marktes, um so einen effektiven Ausgleich zwischen Phasen über- und unterdurchschnittlichen Kapazitätsbedarfes zu ermöglichen. In der Regel beträgt der Ausgleichszeitraum ein Jahr; er ist damit sehr viel länger als die in dieser Arbeit betrachtete Planungsperiode für die operative Kapazitätsabstimmung. Das Zeitfenster schließlich beschreibt die zulässige Lage der individuellen Arbeitszeit innerhalb eines Arbeitstages[3]. Der Wunsch, die Verfügbarkeit wesentlicher Grundfunktionen des betrieblichen Ablaufes sicherzustellen, legt die Definition einer breiten Kernarbeitszeit nahe. Andererseits schwindet damit unmittelbar das Flexibilisierungspotential[4]. Falls eine betriebliche Vorgabe zur täglichen Arbeitszeit existiert, ist deren Erfüllung sicherzustellen. Aus arbeitsphysiologischer Sicht ist eine Beschränkung von Arbeitszeiten angezeigt[5]. In jedem Fall gilt die gesetzliche Begrenzung der täglichen Arbeitszeit[6].

Während die Leistungsdauer eine zeit*raum*bezogene Betrachtung wiedergibt, beschreibt der Kapazitätsquerschnitt die Personalausstattung zu einem konkreten Zeit*punkt*, also

---

[1] Dies schließt nicht aus, daß im Rahmen des in dieser Arbeit vorgestellten Ansatzes auch die genehmigungspflichtigen Bereiche des Zeitkorridors genutzt werden, sofern eine entsprechende für den Betrachtungszeitraum geltende Genehmigung vorliegt.

[2] Die zyklische Komponente beschreibt Schwankungen infolge von Konjunktur- und Saisoneinflüssen (vgl. Schlittgen 1995, S. 9).

[3] Üblicherweise wird ein frühestzulässiger Arbeitsbeginn und ein spätestzulässiges Arbeitsende definiert.

[4] In jüngerer Zeit wird deshalb oftmals eine Kernarbeitszeit nicht mehr vorgegeben und die Aufrechterhaltung der Betriebsbereitschaft der jeweiligen Organisationseinheit als explizite Aufgabe überantwortet.

[5] Vgl. Kogi 1991.

[6] Die zulässige Höchstgrenze der täglichen Arbeitszeit ist in Deutschland gemäß §3 ArbZG auf 10 Stunden festgelegt.

einen Zustand[1]. Beide Sichtweisen sind logisch miteinander verknüpft und simultan zu betrachten (Bild 3-2).

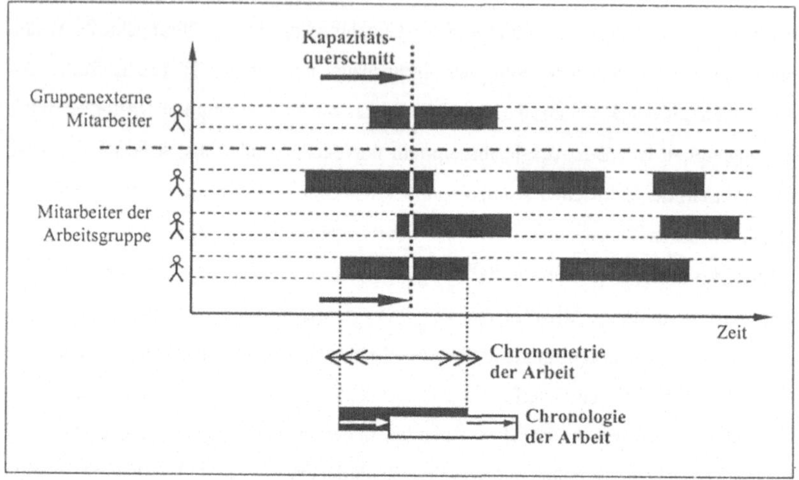

Bild 3-2: Zeitraum- und zeitpunktbezogene Betrachtung der Arbeit

Die Intensität der Arbeitsleistung wird ausgedrückt als das Leistungsergebnis je nutzbarer Zeiteinheit. Diese Größe bedarf bei manuellen Verrichtungen besonderer Aufmerksamkeit, da sie in die Auslegung des Arbeitssystems zwar als Planungsgröße eingeht[2], im Betrieb aber vielfältigen Einflüssen unterliegt und insofern nicht als Invariante behandelt werden kann[3]. Im Rahmen dieser Arbeit ist von einer Veränderlichkeit der Arbeitsintensität auszugehen, eine geeignete Beschreibungsgröße zu definieren und in das Planungsverfahren zu integrieren. Aufgrund des stochastischen[4] Charakters dieser Grö-

[1] Für einen Zeit*raum* kann ein Kapazitätsquerschnitt nur sinnvoll angegeben werden, wenn er sich während dieses Zeitraums nicht verändert. Im Prinzip wird dabei eine Aussage für sämtliche Zeitpunkte des betrachteten Zeitraums gemacht.

[2] Vgl. Aggteleky 1990, S. 466ff., Wiendahl 1997a, S. 238.

[3] Nach Untersuchungen von Laurig schwanken die Leistungen zwischen verschiedenen Arbeitspersonen im Bereich von mehreren 100 bis zu 1000 %. Bei kombinativen und kreativen Tätigkeiten, die in modernen Arbeitssystemen an Bedeutung zunehmen, liegen diese Werte höher als bei motorischen Tätigkeiten (vgl. Laurig 1992, S. 51).

[4] Stochastik ist die Wissenschaft der mathematischen Behandlung von Zufallserscheinungen (vgl. Sachs 1997, S. 194).

ße[1] ist hierbei ein statistischer Ansatz zu wählen, der die realen Verhältnisse im betrachteten Arbeitssystem abbildet und kontinuierlich fortschreibt.

Leistungsdauer, Kapazitätsquerschnitt und Intensität beschreiben gemeinsam die zeitraumbezogene Personalkapazität eines Arbeitssystems (Bild 3-3). Sie sind deshalb dem in dieser Arbeit beschriebenen Lösungsansatz als Parameter zugrunde zu legen.

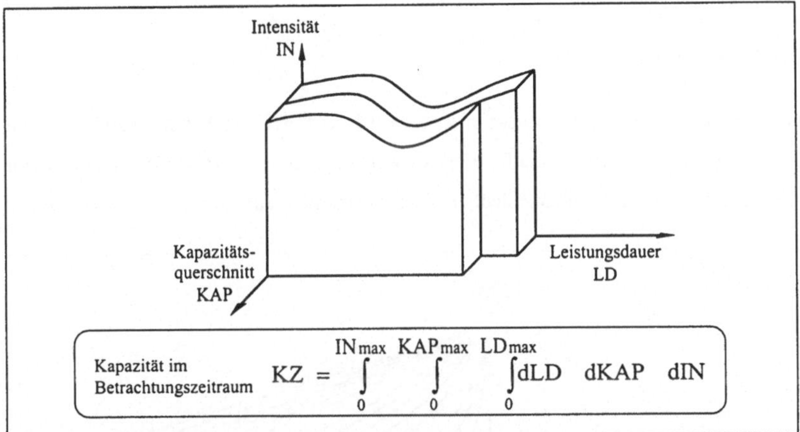

Bild 3-3: Quantitative Merkmale der Personalkapazität

Die vorstehend beschriebene Kapazitätsanpassung wird im Rahmen der Abstimmungsfunktion ergänzt um den Belastungsabgleich[2]. Dieser läßt eine bedarfsseitige Variation des Kapazitätsprofils zu, wobei in dieser Arbeit die Forderung erhoben wird, daß eine solche Variation im Außenverhältnis des Unternehmens unsichtbar bleibt. Die Erfüllung der marktseitigen Anforderungen darf vom Aktionsfeld des Belastungsabgleiches also nicht beeinträchtigt werden. In diesem Sinne lassen sich alle in Betracht kommenden Maßnahmen[3] auf eine Variation betriebsinterner Termine zurückführen[4].

---

[1] Vgl. Warnecke 1996b, S. 22ff.

[2] Vgl. Abschnitt 2.4.

[3] Losteilung, Reihenfolgeveränderung, Endterminveränderung (vgl. Abschnitt 2.4).

[4] Betriebsintern bedeutet hier in engerem Sinne, daß Übergabetermine seitens der Gruppe eingehalten werden (womit deren ureigenster Dispositionsspielraum angesprochen ist), und in weiterem Sinne, daß Übergabetermine an der Systemgrenze der Arbeitsgruppe betroffen sind, was eine gruppenübergreifende Koordination erforderlich macht. Dieser Arbeit wird die weitere Auslegung zugrunde gelegt.

Für die Anwendung des Belastungsabgleiches ist es erforderlich, daß der Arbeitsgruppe präzise Informationen über die zu erwartenden Fertigstellungszeitpunkte laufender und anstehender Aufträge zur Verfügung stehen, um die Auswirkungen verschiedener Maßnahmen einschätzen, eine sachgerechte Entscheidung fällen und ggf. eine Abstimmung mit anderen Stellen des Betriebes herbeiführen zu können. Diese Informationen sollen hinsichtlich ihrer Darstellung den im Abschnitt 3.1 genannten Kriterien genügen.

3.2.2 Rückmeldefunktion

Im Rahmen der Rückmeldefunktion werden während der Bearbeitung bzw. Montage anfallende Ist-Daten erfaßt und für eine Auswertung bereitgestellt. Diese Funktion dient mehreren Zwecken, die unterschiedlichen Zeithorizonten[1] zugeordnet werden können.

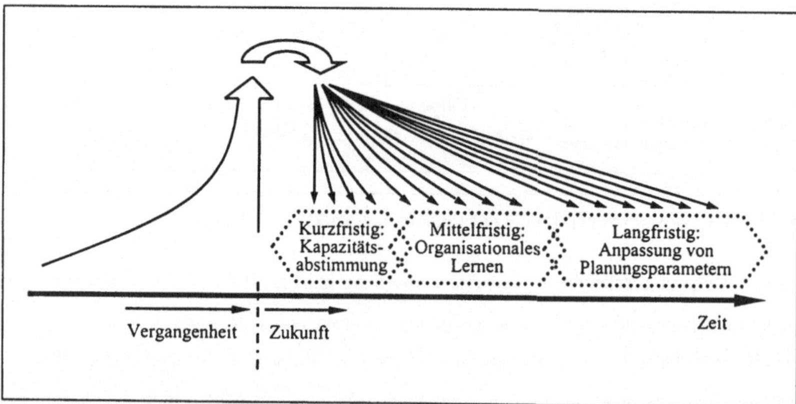

Bild 3-4: Wirkungshorizonte der Rückmeldefunktion

Im Kurzfristbereich werden für die Kapazitätsabstimmung zeitnahe Informationen über den Auftragsfortschritt verfügbar gemacht. Im Mittelfristbereich erhält die Arbeitsgruppe eine Rückmeldung über die erbrachte Leistung einerseits und den Erfolg ihrer Maßnahmen zur Kapazitätsabstimmung andererseits[2]. Im Langfristbereich erlaubt die Rückmeldefunktion eine Anpassung von Planungsparametern, um die Güte der Ab-

[1] Im Sinne der hier betrachteten Zeithorizonte ist der Kurzfristbereich nach Tagen, der Mittelfristbereich nach Wochen und der Langfristbereich nach Monaten bemessen.

[2] Zur Bedeutung der kurz- und mittelfristigen Rückmeldungen vgl. Abschnitt 3.1.

stimmungsfunktion zu verbessern bzw. um diese an veränderte Rahmenbedingungen anzupassen[1] (Bild 3-4). In der vorliegenden Arbeit ist eine Systematik zu entwickeln, die für den Kurz- und Mittelfristbereich die Rückmeldefunktion nutzbar macht.

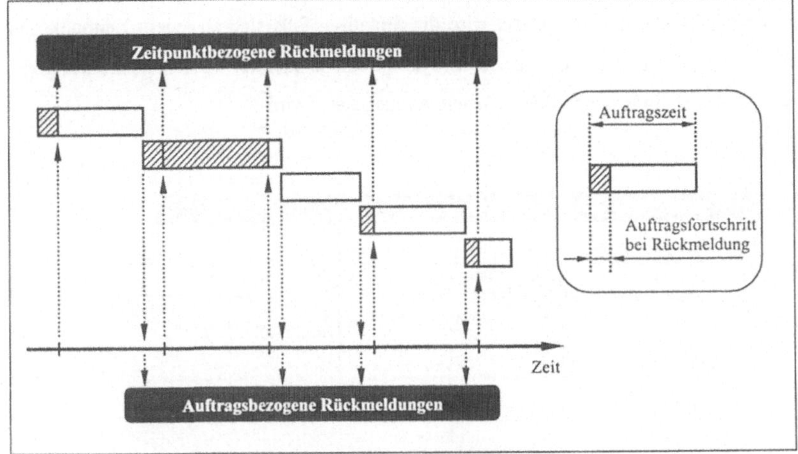

Bild 3-5: Auftrags- und zeitpunktbezogene Rückmeldungen

Bestimmungsgrößen der Rückmeldefunktion sind das Zeitintervall, der Objektbereich und die technisch-organisatorische Realisierung der Rückmeldungen. Hinsichtlich der Wahl des Zeitintervalls ist zu unterscheiden zwischen festen und variablen Rückmeldeintervallen. Bei festen Intervallen ist der Rückmeldezeitpunkt definiert, bei variablen Intervallen das Rückmeldeobjekt, im allgemeinen der Auftrag. Beide Ansätze sind mit spezifischen Abgrenzungsproblemen verbunden: Bei festen Rückmeldeintervallen ist der Zustand angearbeiteter Aufträge gesondert zu ermitteln, bei variablen Intervallen gilt dies für einen Stichzeitpunkt, zu dem der Bearbeitungszustand[2] der Aufträge bilanziert werden soll (Bild 3-5). Der Gegenstand der Rückmeldung soll sich an der unmittelbaren Anschauung der Mitarbeiter orientieren, d. h. die ausgeführte Tätigkeit und

[1] Die kontinuierliche Fortschreibung von Planungsparametern ist als eine wesentliche Voraussetzung zur Realisierung wandlungsfähiger Produktionssysteme anzusehen. In der betrieblichen Praxis sind diesbezüglich erhebliche Defizite auszumachen (vgl. Westkämper 1997a, S. 21f.). Zur Bedeutung einer Auswertung von Betriebsdaten zur Verbesserung der Planungsbasis vgl. Cnyrim 1993, S. 85f.; Lohn 1992, S. 68. Der Langfristhorizont ist nicht Gegenstand dieser Arbeit.

[2] Der gängige Begriff *Bearbeitungs*zustand bezieht sich im Rahmen dieser Arbeit auch auf *Montage*tätigkeiten.

deren Umfang charakterisieren. Unter der Annahme, daß der Auftragsbeginn die Beendigung des vorherigen Auftrages bedingt, kann auf eine Rückmeldung des Auftragsendes verzichtet werden. Neben einer Aufwandsreduzierung wird damit eine lückenlose Erfassung der gesamten Betriebszeit sichergestellt und die Verläßlichkeit der Datenbasis erhöht. Besonders transparent wird die Situation, falls sich zu jedem Zeitpunkt nur ein Auftrag in Bearbeitung befindet und damit eine sequentielle Auftragsstruktur gegeben ist, wie es im Rahmen dieser Arbeit vorausgesetzt wird[1].

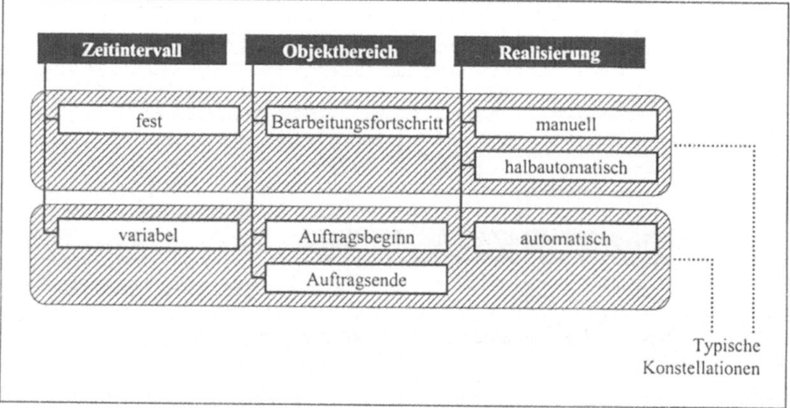

Bild 3-6: Morphologischer Kasten[2] der Rückmeldefunktion

Die Rückmeldefunktion ist aus den aufgezeigten Alternativen zu konfigurieren. Typische Realisierungen bevorzugen die in Bild 3-6 dargestellten Konstellationen[3]. Das im Rahmen dieser Arbeit zu entwickelnde Verfahren soll auf Tagesrückmeldungen, also einem festen Zeitintervall, aufbauen. Damit wird eine Synchronität zwischen der Rückmeldefunktion und der Bemessungsperiode der Kapazität hergestellt[4]. Es ist deshalb

[1] Vgl. Abschnitt 2.3.

[2] Ein morphologischer Kasten ist die planmäßige schematische Darstellung eines Lösungsfeldes (vgl. Zwicky 1989).

[3] Eine manuelle Rückmeldung bei variablem Zeitintervall ist von einer hohen Rückmeldedisziplin der Mitarbeiter abhängig. Der Aufwand für die Rückmeldung soll dabei klein sein gegenüber der Auftragszeit, ansonsten stellt sich oft das Phänomen der Blockrückmeldungen (mehrere Aufträge werden gesammelt zurückgemeldet) ein. Hinzu kommen wirtschaftliche Überlegungen. Technische Hilfen, z. B. Barcode-Lesegeräte, haben aus diesen Gründen große Verbreitung gefunden.

[4] Vgl. Abschnitt 2.3.

erforderlich, den Bearbeitungszustand eines angearbeiteten Auftrages zu ermitteln[1]. Hinsichtlich der organisatorischen Lösung ist an dieser Stelle keine spezifische Anforderung zu stellen[2].

3.3 Anforderungen aus Datensicht

Die zuvor umrissene Rückmeldefunktion stützt sich auf Daten und ist daher eng verknüpft mit der dritten Sichtweise auf den Prozeß der Auftragsabwicklung[3], der Datensicht. Zu unterscheiden ist zwischen Grunddaten, die im Rahmen dieser Arbeit als Invarianten behandelt werden[4], und Kapazitätsdaten, die den Kapazitätsbedarf sowie die bereitgestellten Ressourcen beschreiben.

3.3.1 Grunddaten

Die Grunddaten charakterisieren das Arbeitssystem, hier eine Arbeitsgruppe. Neben einer identifizierenden Bezeichnung des Arbeitssystems gehören hierzu die ausführbaren Tätigkeiten. Letztere tragen ebenfalls eine identifizierende Bezeichnung und werden in quantitativer Hinsicht durch Planwerte des Zeitbedarfes beschrieben: der Rüstzeit und der Zeit je Einheit. An die Ermittlungsmethode der Planwerte wird hier keine spezielle Anforderung gestellt. Selbstverständlich ist zu gewährleisten, daß die Planwerte aktuell sind[5].

3.3.2 Kapazitätsdaten

Hinsichtlich der Kapazitätsdaten ist zwischen Bedarf und Angebot zu unterscheiden. Der Kapazitätsbedarf wird beschrieben durch die seitens der Produktionsvorbereitung

---

[1] Eine grundsätzliche Empfehlung, den Bearbeitungszustand angearbeiteter Aufträge am Periodenende zu erfassen, leitet Penz aus Überlegungen zur Logistikqualität ab (vgl. Penz 1996, S. 94).

[2] In der Praxis zeigt sich jedoch, daß die Authentizität manueller Rückmeldungen sehr kritisch zu prüfen ist.

[3] Vgl. Bild 3-1.

[4] Vgl. Abschnitt 3.2.2.

[5] Eine Anforderung, die trotz ihrer Evidenz in der Praxis nicht selten unerfüllt bleibt (vgl. Abschnitt 3.2.2). Zur Bedeutung der Aktualität von Plandaten vgl. Harsch 1995, S. 314 und Bossemeyer 1997, S. 59f.

eingestellten Aufträge nach Fertigstellungstermin[1] und Menge. Das Kapazitätsangebot bezieht sich in dieser Arbeit allein auf die Personalkapazität. Die Eingangsgröße der Abstimmungsfunktion ist diesbezüglich die geplante Personalausstattung im Kurzfristhorizont, beschrieben durch den Kapazitätsquerschnitt im Zeitablauf[2]. Diese auf die Zukunft bezogenen Größen werden ergänzt durch die in der Vergangenheit realisierte tatsächliche Anwesenheit, ebenfalls dargestellt als Kapazitätsquerschnitt. Als Datenquelle bietet sich hierfür die Personalzeiterfassung an, die – speziell in Verbindung mit flexiblen Arbeitszeitmodellen – meist rechnergestützt ausgeführt wird[3].

Hinsichtlich der benötigten Daten kann hier, auch unter Einbeziehung der Grunddaten, festgestellt werden, daß diese in der betrieblichen Praxis meist auf einem Datenträger verfügbar sind; insofern entsteht also kein zusätzlicher Erhebungsaufwand.

Eine Visualisierung von Daten ist nicht gleichzusetzen mit deren Verdichtung, welche immer die Gefahr des Verlustes entscheidungsrelevanter Sachverhalte in sich birgt[4]. Insofern stellt sich die Aufgabe, die Komplexität der Realität abzubilden, gleichzeitig aber ein handhabbares Instrument zu schaffen, das Akzeptanz bei den Anwendern findet.

Wie bereits im Abschnitt 3.2.1 ausgeführt wurde, unterliegen wesentliche Variablen der Abstimmungsfunktion stochastischen Einflüssen. In der Praxis beobachtete Abweichungen zwischen Plan- und Istwerten sind demgemäß als deren natürliche Folge einzuordnen. Die Anforderung hoher Planungssicherheit kann deshalb an dieser Stelle dahingehend präzisiert werden, daß der stochastische Charakter der Einflußgrößen im Rahmen der Abstimmungsfunktion durchgängig Berücksichtigung findet. Insofern wird auch das Planungsergebnis nicht mit dem Anspruch absoluter Genauigkeit, sondern toleranzbehaftet angegeben werden. Eine geeignete Modellierung von Planungsdaten

---

[1] Fertigstellungstermin ist hier der für die Arbeitsgruppe maßgebliche Termin. Er wird aufgrund einer Durchlaufterminierung festgelegt (vgl. Hansmann 1997, S. 332ff.; Wiendahl 1997a, S. 318ff.). Da ausschließlich Ecktermine vorgegeben werden und die nachgelagerte Ebene insofern Freiräume erhält, kann hier auch von einem hierarchischen Planungskonzept gesprochen werden (vgl. Zäpfel 1989, S. 201ff.).

[2] Vgl. Abschnitt 3.2.1.

[3] Vgl. Roschmann 1997.

[4] Vgl. Groffmann 1992, S. 75; Staudt 1985, S. 72.

und das hierauf aufbauende Planungsverfahren sollen also die Realität genauer abbilden, als dies mit herkömmlichen Methoden möglich ist. Die so gewonnenen Aussagen zur Planungssicherheit sollen gleichzeitig seitens der Planungsakteure bewußt eingesetzt werden können, um das Planungsziel zu erreichen.

4 Stand der Technik

Wie in den Kapiteln 2 und 3 verdeutlicht wurde, ist die Kapazitätsabstimmung eine vielschichtige Aufgabe, die Einflüssen unterschiedlicher Unternehmensbereiche unterliegt. Die nachfolgende Diskussion des Standes der Technik betrachtet diese Aufgabe wiederum unter dem Blickwinkel der Organisations-, Funktions- und Datensicht. Neben den in der Praxis eingeführten Lösungen sowie den aktuellen Schwerpunkten der angewandten Forschung werden grundlegende Ansätze – insbesondere im Bereich der Statistik – vorgestellt, die einen Beitrag zu der in dieser Arbeit entwickelten neuartigen Lösung leisten können.

4.1 Organisationsaspekte der Kapazitätsabstimmung

Die Organisationsform der Gruppenarbeit geht, beginnend mit der Diskussion um das Konzept der wissenschaftlichen Betriebsführung[1], auf individuums- und sozialpsychologische Studien zurück[2], welche in den sechziger Jahren um die gesellschaftspolitische Dimension erweitert wurden[3]. Als Klassifizierungskriterium für die inzwischen zahlreichen Implementierungen[4] hat sich der Autonomiegrad[5] der Gruppe durchgesetzt, der den sachlichen und zeitlichen Entscheidungsraum quantifiziert und damit die Arbeitsfelderweiterung und -bereicherung um eine kommunikative und soziale Dimension ergänzt.

Der vielfach gegebenen Empfehlung einer Übertragung von Kompetenz und Verantwortung auf Arbeitsgruppen[6] steht ein Defizit an fundierten, seitens der Gruppe anzu-

---

[1] Vgl. Gilbreth 1911; Taylor 1913.

[2] Zu den historischen Positionen und Entwicklungsstufen vgl. die Übersichtsdarstellung in Ulich 1992, S. 5-54.

[3] Vgl. Emory 1964.

[4] Vgl. bspw. Niefer 1993; Becker 1995; Flato 1995; Seliger 1995; Zink 1995; Behrendt 1996; Rödenbeck 1996.

[5] Vgl. Gulowson 1972, S. 387; Antoni 1996, S. 27ff.

[6] Vgl. Lederer 1978; Warnecke 1994, S. 24ff.; Bullinger 1996, S. 131f.; Antoni 1996. Zu den Grenzen dieses Ansatzes vgl. Grob 1994. Das Beziehungsgefüge zwischen Produktionstypologie und Gruppenarbeit wird beschrieben in Grossner 1997.

wendenden Methoden gegenüber[1]. Dies ist insbesondere hinsichtlich der Übernahme dispositiver[2] Aufgaben durch die Arbeitsgruppe zu verzeichnen, obwohl Praxisberichte über erfolgreiche Realisierungen vorliegen[3]. SCHERER[4] zeigt allgemein das Potential von Selbststeuerungsansätzen auf, sofern diese mit koordinierenden Mechanismen verbunden werden.

Die Kapazitätsabstimmung als Bestandteil der Produktionsplanung und -steuerung wird ganz überwiegend als eine zeitlich vor der Auftragsfreigabe stehende Aufgabe aufgefaßt und den planenden und koordinierenden Stellen zugeordnet[5]. Da jedoch nur ein Teil der hierbei zu berücksichtigenden Restriktionen vor der Freigabe bekannt ist, wird regelmäßig auf einen operativen, parallel zur Durchführung stehenden Abstimmungsbedarf hingewiesen[6]. Hierbei hat sich die Auffassung durchgesetzt, daß eine Formulierung von allgemeinen Optimierungsstrategien sowie deren Implementierung in informationsverarbeitende Systeme an der betrieblichen Realität vorbeigeht[7]. Empfohlen wird vielmehr eine Unterstützung dieser von den ausführenden Stellen zu bewältigenden Aufgabe mittels einer geeigneten Aufbereitung entscheidungsrelevanter Sachverhalte und deren transparenter Darstellung auf einem Dispositionsleitstand[8][9].

Damit sind hinsichtlich der Kapazitätsabstimmungsaufgabe zwei Positionen erkennbar: Auf der einen Seite wird diese Abstimmung als Selbststeuerungsaufgabe der Gruppe aufgefaßt, die aufgrund der damit verbundenen Komplexitätsreduzierung ohne unterstützende Methoden gelöst werden kann, auf der anderen Seite wird eine solche Unter-

---

[1] Vgl. Binkelmann 1993; Moldaschl 1994.

[2] Disposition ist die situationsabhängige Regelung eines Einzelfalls im Rahmen der dauerhaft und umfassend angelegten Organisation (vgl. Gabler 1997, S. 951).

[3] Vgl. Warnecke 1995; Warnecke 1997, S. 22f.

[4] Vgl. Scherer 1996.

[5] Vgl. Hackstein 1989, S. 214ff.; Mertens 1997, S. 165ff.; Luczak 1996b, S. 157f.; Schneeweiß 1997, S. 285ff.

[6] Vgl. Wiendahl 1997a, S. 258; Zäpfel 1989, S. 201ff.; Mertens 1996, S. 14-35; Westkämper 1998a, S. 24; Löllmann 1998, S. 46f.

[7] Vgl. Scheer 1997, S. 383ff.

[8] Vgl. Knolmayer 1996, S. 189; Scheer 1995, S. 66f.; Scheer 1997, S. 350.

[9] Ein Leitstand visualisiert den geplanten bzw. realisierten Fertigungsfortschritt. Mit der zunehmenden Ablösung manueller Plantafeln durch elektronische Systeme geht die Erweiterung um dispositionsunterstützende Funktionen einher (vgl. Adam 1997, S. 527). Organisatorisch kann ein Leitstand als produktionsnahe Außenstelle des Planungsbereiches aufgefaßt werden.

stützung befürwortet, jedoch den planenden Funktionen zugeordnet[1]. Die Frage, ob eine methodische Unterstützung die *ausführenden* Mitarbeiter in die Lage versetzen kann, die Abstimmungsfunktion eigenständig zu bewältigen, bleibt aus Organisationssicht unbeantwortet.

4.2 Funktionsaspekte der Kapazitätsabstimmung

4.2.1 Abstimmungsfunktion

Wie bereits im Abschnitt 2.4 ausgeführt, stellt die personalbezogene Kapazitätsabstimmung den Berührpunkt zwischen der Personalwirtschaft[2] und der Produktionsplanung und -steuerung dar. Beide Disziplinen haben eine eigenständige Sichtweise auf die Abstimmungsfunktion entwickelt, die sich in den vorgeschlagenen Lösungsansätzen widerspiegelt.

Als Vertreter der personalwirtschaftlichen Sichtweise betrachtet KOSSBIEL die Personaleinsatzplanung als ein Teilgebiet der Personalplanung[3]. Er formuliert vier zugeordnete Problemtypen, indem er den Personalbedarf sowie die Personalausstattung als entweder gegeben oder gesucht behandelt. Für jeden Problemtyp entwickelt er eine Zielfunktion, gibt jedoch keinen spezifischen Lösungsweg an. SPENGLER erweitert diese multidimensionale Betrachtungsweise, indem er allgemeine Entscheidungsmodelle zur simultanen Organisations- und Personalplanung formuliert, in die er zudem Elemente unscharfer Logik einbezieht[4]. Damit demonstriert er die Komplexität personalwirtschaftlicher Fragestellungen. Auch hier werden keine Lösungswege vorgeschlagen; vielmehr wird der konzeptionelle Rahmen zu deren Entwicklung abgesteckt.

Die Mehrzahl der vorliegenden Arbeiten zu spezifischen Lösungswegen thematisiert das sogenannte „Personell Assignment Problem“, bei dem eine Gruppe von Mitarbei-

---

[1] Was nicht ausschließt, daß die mit dieser Aufgabe betraute Stelle in die Gruppe integriert wird, ohne daß damit das Prinzip der personellen Trennung von planenden und ausführenden Funktionen aufgegeben wird.

[2] Personalwirtschaft ist eine betriebswirtschaftliche Funktion, deren Kernaufgabe die Bereitstellung, der zielorientierte Einsatz und die Steuerung des Verhaltens von Personal ist (vgl. Weber 1996, S. 1381).

[3] Vgl. Kossbiel 1993, S. 3129.

[4] Vgl. Spengler 1993.

tern mit unterschiedlicher Eignung für die auszuführenden Tätigkeiten einzelnen Arbeitsplätzen zuzuordnen sind[1]. Im Mittelpunkt dieses Ansatzes steht damit die Qualifikation des einzelnen Mitarbeiters. Falls die Qualifikation aller Mitarbeiter übereinstimmt, wird das Problem als trivial eingestuft. Damit wird deutlich, daß die im Kapitel 2 beschriebenen Flexibilisierungsansätze des Personaleinsatzes hier außer Betracht bleiben, der Ansatz des Personell Assignment Problems im Kontext der vorliegenden Arbeit somit keine Lösung aufzeigt.

Für die betriebliche Praxis haben die personalwirtschaftlich verankerten Lösungsansätze nur geringe Bedeutung erlangt, nicht zuletzt deshalb, weil die Ausübung der Abstimmungsfunktion in aller Regel in den Zuständigkeitsbereich der Produktion und nicht des Personalwesens fällt[2][3]. Das eingesetzte Personal wird dabei als *ein* Element der Faktorkombination aufgefaßt[4].

Die in der Literatur behandelten Wege zur Ausführung der Abstimmungsfunktion aus Planungs- und Steuerungssicht lassen sich in zwei Funktionsklassen einordnen: Auf der einen Seite werden Anpassungs*objekte* in den Vordergrund gestellt, auf der anderen Seite die Anpassungs*verfahren* betont.

In die Klasse objektbezogener Ansätze fällt die Arbeit von BRUCK[5], der – ausgehend von unterschiedlichen Qualifikationen der Mitarbeiter – Schichtpläne generiert. Dabei wird der Kapazitätsbedarf als variable Eingangsgröße, gemessen in Arbeitsstunden, behandelt. Die Intensität der Arbeitsleistung wird insofern nicht näher beleuchtet. Hinsichtlich der Zuordnung der Abstimmungsfunktion ist hiermit ein fremdorganisierter Ansatz beschrieben[6].

---

[1] Vgl. Mag 1986, S. 93.

[2] Vgl. Hackstein 1989, S. 4ff.; Wiendahl 1997a, S. 11.

[3] Lediglich in den Fällen, in denen die Personalkapazitäten als unveränderliche Größen behandelt werden, bietet sich eine Zuordnung der Abstimmungsfunktion zum betrieblichen Personalwesen an.

[4] Vgl. Abschnitt 2.1.

[5] Vgl. Bruck 1993.

[6] Zum Begriffspaar Fremd- und Selbstorganisation vgl. Probst 1993; Gomez 1997.

Die Problemklasse der Abtaktung innerhalb einer Fließfertigung wird von mehreren Autoren aufgegriffen: KOETHER[1] und FREMEREY[2] zielen auf eine Maximierung der Kapazitätsnutzung, indem sie die Arbeitsschritte den einzelnen Montagestationen zuweisen. LEOPOLD[3] führt diesen Ansatz weiter, indem er auch das Kapazitäts*angebot* als Planungsgröße auffaßt und, anders als FREMEREY, Reihenfolgerestriktionen berücksichtigt.

KURZ[4] verallgemeinert den Gedanken der simultanen Programm- und Kapazitätsplanung auf das Anwendungsfeld der Kleinserienproduktion. Als Zielgröße seines Verfahrens wählt er die Kostenminimierung und weist hierzu die Kostenwirkungen aller planungsrelevanten Größen aus; auch die Zeitaspekte unterliegen somit einer Transformation.

DIENSTDORF[5] behandelt die Abstimmungsfunktion im Kontext der Werkstattfertigung. Anhand von Simulationsstudien weist er nach, daß eine flexible Zuordnung des Personals zu verschiedenen Maschinengruppen – basierend auf Mehrfachqualifikationen – wirtschaftlich sinnvoll ist.

Die zweite Funktionsklasse innerhalb der Abstimmungsfunktion stellt das Lösungs*verfahren* in den Vordergrund. Hiermit sind allgemein mathematische Methoden zur Unterstützung von Entscheidungsprozessen angesprochen[6], die sich gliedern lassen in lineare[7], nichtlineare[8], dynamische[9] und stochastische[10] Optimierung[11]. Für eine Reihe

---

[1] Vgl. Koether 1985.

[2] Vgl. Fremerey 1993.

[3] Vgl. Leopold 1997.

[4] Vgl. Kurz 1994.

[5] Vgl. Dienstdorf 1972.

[6] Hierfür hat sich der Begriff „Operations Research (OR)“ eingebürgert (vgl. Neumann 1993, S. 5; Runzheimer 1990, S. 14f.).

[7] Ein lineares Optimierungsproblem zeichnet sich dadurch aus, daß die zu minimierende oder zu maximierende Zielfunktion linear von den Entscheidungsvariablen abhängt.

[8] Bei einem nichtlinearen Optimierungsproblem gehen die Entscheidungsvariablen nichtlinear in die Zielfunktion ein.

[9] Die dynamische Optimierung betrachtet zeitlich veränderliche Vorgänge.

[10] Die stochastische Optimierung berücksichtigt zufallsbedingte Einflüsse auf das Entscheidungsproblem.

[11] Eine ausführliche Darstellung der OR-Standardmethoden findet sich in Zimmermann 1997.

von Problemstellungen sind spezifische Verfahren entwickelt worden. Dies gilt insbesondere für Aufgaben, die sich auf Graphen[1] formulieren lassen. Im Kontext dieser Arbeit ist hier das sogenannte Zuordnungsproblem zu nennen, das in einer speziellen Ausprägung als „Personell Assignment Problem“ bereits angesprochen worden ist.

Problemspezifische Modelle sind in großer Zahl entwickelt worden. Wichtiger Beweggrund ist die damit verbundene Möglichkeit, heuristische[2] Lösungsverfahren anzugeben, welche schnell eine nicht notwendigerweise optimale, aber dicht am Optimum liegende Lösung ermitteln[3]. Demgegenüber sind bei exakten Verfahren in der Regel sehr lange Rechenzeiten zu erwarten, die einem Praxiseinsatz entgegenstehen. In einem kombinierten Ansatz gibt SCHOLL[4] für flußorientierte Montagelinien sowohl exakte als auch heuristische Lösungsverfahren für die Belegungsplanung an.

Ein weiterer Ansatz, die Rechenzeitproblematik zu bewältigen, ist in genetischen Algorithmen zu sehen, bei denen mittels einer gezielten Parametervariation und anschließenden Selektion iterativ eine sehr gute Lösung ermittelt wird[5]. SCHULTE[6] gibt ein hierauf basierendes Werkstattsteuerungsverfahren an.

Eine der bedeutendsten Entwicklungen der Graphentheorie ist die Netzplantechnik, welche zur Planung und Überwachung von Projekten eingesetzt wird[7]. In einer Sonderform werden für die Elemente des betrachteten zeitlichen Ablaufes nicht diskrete Zeitdauern, sondern deren Verteilungen angegeben, um den in der Realität immer auftretenden Abweichungen gerecht zu werden[8].

---

[1] Ein Graph besteht aus einer nichtleeren Menge von Knoten, die einander durch eine Menge von Kanten zugeordnet sind (vgl. Runzheimer 1990, S. 159).

[2] Heuristische Verfahren suchen mit Hilfe problemspezifischer Regeln nur eine Teilmenge des zulässigen Bereiches ab (vgl. Neumann 1993, S. 402).

[3] In den Arbeiten von Koether, Fremerey, Leopold und Kurz werden Heuristiken beschrieben.

[4] Vgl. Scholl 1995.

[5] Vgl. Davis 1991; Schöneburg 1994.

[6] Vgl. Schulte 1995.

[7] Vgl. Altrogge 1996; Schwarze 1994.

[8] Dieser als PERT (= Program Evaluation and Review Technique) bezeichnete Ansatz liefert eine optimistische, mittlere und pessimistische Schätzung der Projektdauer und somit eine verbesserte Entscheidungsbasis für den damit arbeitenden Planer. Als eine Weiterentwicklung wird in GERT-Netzplänen

Wie BECKENDORFF[1] und SCHMIDT[2] zeigen, führt die Abbildung von Arbeitsplänen in Form von Petri-Netzen[3] zu reaktionsfähigen, prozeßnahen Steuerungsverfahren für Produktionssysteme, indem aus den möglichen Vorgänger-Nachfolger-Beziehungen situationsbezogen eine geeignete Variante ausgewählt wird. Nach KALS[4] kann eine auf dem Netzwerkansatz basierende iterative Optimierung von Arbeitsfolgen zu Durchlaufzeitreduzierungen von bis zu 30 % führen. Alle genannten Autoren stellen allerdings keinen Bezug zum Einsatz von Personalressourcen her.

Falls die Formulierung eines vollständigen Optimierungsmodells nicht möglich bzw. zu aufwendig ist, bietet sich die Simulation[5] als Lösungsansatz an[6]. Hierbei werden die Eigenschaften einzelner Komponenten sowie ihre wechselseitigen Abhängigkeiten abgebildet. Mittels einer Durchführung von Stichprobenexperimenten erfolgt eine Quantifizierung des Verhaltens einzelner Komponenten und des Gesamtsystems. Ein- und Ausgangsgrößen der Simulation sind im allgemeinen stochastischer Natur.

Eine eigenständige Stellung innerhalb mathematischer Verfahren zur Entscheidungsfindung nimmt die unscharfe Logik[7] ein[8]. Den Variablen werden dabei sprachliche und damit unscharfe Werte zugeordnet. Kern der unscharfen Logik sind die Regeln zur Verknüpfung dieser Variablen. Damit eignet sich die unscharfe Logik für Problemstellungen, bei denen Tendenzaussagen eine große Rolle spielen. Seit den achtziger Jahren sind eine Vielzahl von Anwendungen entwickelt worden[9]. BRAUN[10] stellt ein hierauf

(GERT = Graphical Evaluation and Review Technique) zusätzlich den Vorgängen selbst eine Ausführungswahrscheinlichkeit zugeordnet (vgl. Neumann 1990).

[1] Vgl. Beckendorff 1991.

[2] Vgl. Schmidt 1996.

[3] Ein Petri-Netz ist ein gerichteter Graph, dessen Knoten die Prozesse darstellen und die Kanten ihre ablauftechnischen Beziehungen.

[4] Vgl. Kals 1995.

[5] Simulation ist „das Nachbilden eines Systems mit seinen dynamischen Prozessen in einem experimentierfähigen Modell, um zu Erkenntnissen zu gelangen, die auf die Wirklichkeit übertragbar sind." Vgl. VDI 1993, S. 3.

[6] Vgl. Kosturiak 1995; Moser 1995; Reinhart 1998; Kuhn 1998.

[7] Meist wird die englische Bezeichnung „Fuzzy Logic" verwendet.

[8] Vgl. Bothe 1995.

[9] Vgl. Zimmermann 1996b.

[10] Vgl. Braun 1994.

basierendes Verfahren zur mittelfristigen Personalkapazitätsplanung vor, dessen Schwerpunkt auf der Berücksichtigung von qualifikatorischen Randbedingungen liegt. HACK[1] verbindet die unscharfe Logik mit dem Petri-Netz-Ansatz und nutzt dieses Modell für eine simulationsgestützte Belegungsplanung in der Montage.

Die hohe Veränderungsgeschwindigkeit produktionsbezogener Aufgabenstellungen sowie deren Einflußgrößen[2] legt eine Betrachtung von Zeitreihen[3] nahe. BARTHOLOMEW[4] wendet zeitreihenanalytische Verfahren zur mittel- bis langfristigen Personalplanung an. Weitere Hinweise auf das Einsatzpotential der Zeitreihenanalyse zur Ressourcenabstimmung im Personalbereich geben DRUMM[5] und DIENSTDORF[6]. Sehr verbreitet ist die Prognose von Zeitreihen für Fragestellungen der Marktforschung und Materialwirtschaft, wobei zwischen multivariaten und univariaten Ansätzen zu unterscheiden ist[7]. Meist kommen hierbei einfache Modellbildungen wie die exponentielle Glättung zum Einsatz[8]. WIEDEMANN[9] stellt ein DV-gestütztes Werkzeug zur Auswahl und Parametrisierung von Prognoseverfahren für univariate Zeitreihen vor. BURDELSKI[10] beschreibt die Anwendung polynomaler Trendfunktionen für Prognosezwecke.

Aufbauend auf den Arbeiten von BOX und JENKINS[11] hat sich seit den siebziger Jahren die Vorstellung verbreitet, eine Zeitreihe als Realisierung eines dynamischen Vorganges mit Zufallscharakter – eines stochastischen Prozesses – aufzufassen. Damit erschließen sich statistisch abgesicherte Ansätze zur Prognose von Zeitreihen, die sich durch ihre rigorose mathematische Basis von einem rein beschreibenden Ansatz unterscheiden, wie

[1] Vgl. Hack 1997.

[2] Vgl. Kapitel 1.

[3] Eine Zeitreihe ist eine geordnete Folge von Beobachtungen einer Größe (vgl. Schlittgen 1995, S. 1).

[4] Vgl. Bartholomew 1979.

[5] Vgl. Drumm 1995, S. 69.

[6] Vgl. Dienstdorf 1972, S. 35f.

[7] Multivariate Prognosen bringen die betrachtete Zeitreihe in einen Zusammenhang mit anderen Zeitreihen, während eine univariate Prognose allein auf der vorliegenden Zeitreihe aufbaut (vgl. Schneeweiß 1997, S. 151f.). Eine Übersicht über Prognoseverfahren geben Mertens 1994 und Sweet 1991.

[8] Wesentlicher Beweggrund ist die einfache datentechnische Handhabung der exponentiellen Glättung.

[9] Vgl. Wiedemann 1990.

[10] Vgl. Burdelski 1980.

[11] Vgl. Box 1994.

er in der exponentiellen Glättung zu sehen ist. Inzwischen sind die zugrundeliegenden Algorithmen Bestandteil statistischer Standardsoftware[1]. BONITZ[2] wendet diesen Ansatz erstmals auf Kennwerte von Arbeitsgruppen an, geht aber über eine rein analytische Betrachtung nicht hinaus. Anwendungen für die Ressourcenabstimmung im Sinne dieser Arbeit sind nicht bekannt.

Zufallsprozesse, bei denen der Übergang von einem Zustand z_i in einen anderen Zustand z_j nur vom Zustand z_i und nicht von den zuvor eingenommenen Zuständen abhängt, werden als *Markoff-Prozeß* oder auch als *Prozeß ohne Gedächtnis* bezeichnet. Sie können mit Methoden der linearen Algebra beschrieben und behandelt werden[3]. Hauptanwendungsfeld im Ingenieurwesen ist die Beschreibung der Zuverlässigkeit technischer Systeme. Eine Anwendung zur Abstimmung von Personalressourcen ist nicht bekannt.

Ein von der angewandten Forschung in jüngerer Zeit aufgegriffenes Verfahren der Ressourcenabstimmung basiert auf einem Verhandlungsansatz, bei dem dezentrale Einheiten ihre Kapazitäten anbieten und Aufträge akquirieren[4]. MANNMEUSEL[5] zeigt, daß hieraus eine Komplexitätsreduzierung der Steuerungsaufgabe resultiert. Eine Anwendung zum Zweck der Personaleinsatzplanung ist allerdings noch nicht beschrieben worden.

Allen hier dargestellten Lösungsverfahren ist ein hoher Abstraktionsgrad gemein, so daß ihre unmittelbare Anwendung ein entsprechendes Maß an zugehörigem Fachwissen erfordert, welches bei den Akteuren der hier betrachteten Abstimmungsfunktion nicht vorausgesetzt werden kann. Daraus ist zu schlußfolgern, daß eine Verwendung nur dann möglich ist, wenn die Verfahren in eine Systemumgebung eingebunden werden, welche dem Blickwinkel der Gruppenmitglieder angepaßt ist. In der beschriebenen Form genügen die vorstehenden Ansätze deshalb nicht den Anforderungen an den Gegenstandsbereich dieser Arbeit.

---

[1] Vgl. Fieger 1995.

[2] Vgl. Bonitz 1995, S. 130ff.

[3] Vgl. VDI 1997, S. 2.

[4] Vgl. Iwata 1994; Tönshoff 1996. Kühling 1997. Bekannt geworden ist dieser Ansatz unter der Bezeichnung Agentenkonzept.

[5] Vgl. Mannmeusel 1997.

4.2.2 Rückmeldefunktion

Die Rückmeldefunktion ist hinsichtlich ihrer *technischen* Realisierung kein Schwerpunkt aktueller Forschungsanstrengungen. Dem Anwender steht eine große Zahl ausgereifter Systeme zur Verfügung, die zunehmend in die betriebliche Informationslandschaft integriert werden und insofern Insellösungen ersetzen[1].

Eine Implementierung der Rückmeldefunktion ist eng mit der *Verwendung* der erfaßten Daten verknüpft und soll deshalb hier unter diesem Blickwinkel betrachtet werden. Ausgeklammert bleiben Rückführungen betrieblicher Daten in algorithmische Planungs- und Steuerungsinstrumente, weil letztere im Abschnitt 4.2.1 als – im Rahmen dieser Arbeit – nicht zielführend charakterisiert wurden.

Mit einer zunehmend kritischen Bewertung der Leistungsfähigkeit von Planungs- und Steuerungsinstrumenten[2] stieg in den vergangenen Jahren das Interesse an sogenannten Monitorsystemen, die mit Hilfe von Kennzahlen und grafischen Darstellungen die geplanten und tatsächlichen Produktionsabläufe einander gegenüberstellen. Durch die Einbeziehung der Rückführungskomponente wird die Produktionssteuerung somit in eine -regelung überführt.

Die Mehrzahl der Arbeiten zu Monitorkonzepten in der Produktion konzentriert sich auf logistische Fragestellungen. ULLMANN[3] beschreibt ein auf dem Trichtermodell[4] basierendes Monitorsystem. Dieses versteht sich als Teilsystem des Controlling-Systems[5] der Unternehmung; die Schwerpunkte dieses Systems liegen auf den Kenngrößen des Auftragsdurchlaufs, insbesondere der Durchlaufzeit. Insofern hat dieser Ansatz keinen kurzfristigen Wirkungshorizont. NYHUIS[6] zeigt anhand von Praxisbeispielen, daß mit Hilfe

---

1 Vgl. Roschmann 1997.

2 Im Rahmen einer empirischen Erhebung bezeichneten 54 von 70 mittelständischen Unternehmen die PPS als die wesentliche Problemquelle im Produktionsbereich (vgl. Glaser 1992). Eine Bestandsaufnahme von PPS-Konzepten im Lichte aktueller Anforderungen findet sich bei Wiendahl 1995. Zum Marktangebot von Standard-PPS-Systemen vgl. Paegert 1996.

3 Vgl. Ullmann 1994.

4 Zuerst beschrieben von Bechte 1981.

5 Controlling ist ein funktionsübergreifendes Steuerungsinstrument mit der Aufgabe der ergebnisorientierten Koordination von Planung, Kontrolle und Informationsversorgung (vgl. Horváth 1996, S. 139).

6 Vgl. Nyhuis 1993.

eines Monitorsystems Schwachstellen im Auftragsdurchlauf identifiziert werden können. Basierend auf demselben Ansatz beschreibt FASTABEND[1] entscheidungsunterstützende Methoden zur Synchronisation von Fertigungs- und Montageprozessen. Besonders hervorgehoben wird hierbei die Bedeutung der Streuungen von Durchlaufzeiten.

PETERMANN[2] schlägt die Integration eines Bestands- und Rückstandsreglers in ein umfassendes Monitorsystem vor. Er zeigt, daß die Regelungstheorie erfolgreich auf Anwendungen in der Produktion übertragen werden kann. Auch hier liegt der Wirkungshorizont im mittelfristigen Bereich. SIMON[3] verwendet einen Regler für die Auftragsreihenfolge, dessen Parameter durch einen adaptiven Zustandsbeobachter angepaßt werden. DOMBROWSKI[4] interpretiert die Termineinhaltung von Aufträgen als Qualitätsmerkmal und entwirft unter Verwendung von Methoden der Qualitätssicherung eine Regelkarte, die den Fertigungssteuerer bei der Terminüberwachung unterstützt. PENZ[5] führt diesen Ansatz weiter, indem er die stochastischen Zusammenhänge logistischer Qualitätsmerkmale herleitet und ein simultanes Qualitätsmanagementsystem entwirft, welches technische und logistische Aspekte verknüpft.

Nicht zuletzt ist auf das Hauptwerk von WIENDAHL[6] hinzuweisen, der die Zusammenhänge zwischen den logistischen Kenngrößen Bestand, Leistung und Durchlaufzeit herleitet und ein hierauf basierendes Steuerungsverfahren beschreibt, welches auf operativer Ebene und damit auch hinsichtlich der Abstimmungsfunktion Optimierungsspielräume vorsieht. KLEEBERG[7] verbindet dieses Verfahren mit einer engpaßorientierten Auftragsfreigabestrategie.

Allen vorstehenden Arbeiten ist gemein, daß sie nicht für einen prozeßnahen Einsatz in Arbeitsgruppen konzipiert sind. Sie eignen sich deshalb nur bedingt für den eigentlichen Kapazitätsabgleich, zumal sie die Besonderheiten menschlicher Leistungsentfaltung

---

[1] Vgl. Fastabend 1997.

[2] Vgl. Petermann 1996.

[3] Vgl. Simon 1995.

[4] Vgl. Dombrowski 1988.

[5] Vgl. Penz 1996.

[6] Vgl. Wiendahl 1997c.

[7] Vgl. Kleeberg 1993.

nicht näher betrachten. Andererseits belegen sie das Potential eines statistischen Ansatzes für Steuerungszwecke in der Produktion.

Ein sehr einfaches Visualisierungsinstrument für logistische Abläufe basiert auf dem Fortschrittszahlenprinzip, bei dem Materialbewegungen über der Zeit kumulativ aufgetragen werden und welches mit einfachen Mitteln und transparenten Größen einen Produktionsverbund mit Seriencharakter koordinieren kann[1]. Auch dieses Instrument hat eine starke logistische Ausrichtung[2].

Eine prozeßnahe Visualisierung von Produktionsvorgängen ist in Form von Leitständen realisiert worden[3]. Während KRONEBERG[4], OTTERBEIN[5] und RUFFING[6] deren Konfiguration und Einbindung in die betriebliche Informationslandschaft behandeln, widmen sich HABICH[7], RINSCHEDE[8] und KATH[9] der Koordination dezentraler Fertigungsbereiche durch einen zentralen Leitstand, Reihenfolgelisten bzw. Bestandsregler. Die vorherrschende Darstellungsform in Leitständen ist das Gantt-Diagramm, welches einen Ablaufplan optisch veranschaulicht[10]. Bezogen auf einzelne Kapazitätsgruppen lassen sich zudem Belastungsübersichten erzeugen, die periodenweise Kapazitätsbelastung und -angebot gegenüberstellen[11]. Die zunehmende Erweiterung der Funktionalität von Leitständen, wie sie von ALDINGER[12], HUTHMANN[13] und WEINBRECHT[14] beschrieben wer-

[1] Vgl. Heinemeyer 1994; Lohr 1996.

[2] Das Hauptanwendungsfeld des Fortschrittszahlenkonzeptes liegt in der Automobilindustrie.

[3] Vgl. Abschnitt 4.1.

[4] Vgl. Kroneberg 1995.

[5] Vgl. Otterbein 1994.

[6] Vgl. Ruffing 1991.

[7] Vgl. Habich 1990.

[8] Vgl. Rinschede 1996.

[9] Vgl. Kath 1994.

[10] In der Regel werden auf der Abszisse Zeiteinheiten abgetragen, der Ordinate werden Aufträge oder Maschinen zugeordnet.

[11] Vgl. Scheer 1997, S. 239.

[12] Vgl. Aldinger 1985.

[13] Vgl. Huthmann 1995.

[14] Vgl. Weinbrecht 1993.

den, setzt allerdings entsprechend qualifiziertes Personal voraus[1]. Eine kritische Bewertung des Leitstandsgedankens findet sich bei FLEIG[2], der eine transparente Ablauforganisation und eine hohe Autonomie der ausführenden Mitarbeiter empfiehlt.

Eine mehr personalorientierte Entwicklungslinie des Monitorgedankens ist in der Arbeit von ALTHOFF[3] zu erkennen, der die für eine Arbeitsaufgabe veranschlagte Zeit ins Verhältnis zur hierfür aufgewendeten Zeit setzt und die daraus abgeleitete Kennziffer als ein Führungsinstrument betrachtet. Ein verwandter Ansatz findet sich bei LEHN[4], der anstatt des Quotienten die Differenz der genannten Zeitgrößen benutzt[5]. Kennzeichnendes Merkmal ist in beiden Fällen die Rückkopplung von Ist-Werten in die Arbeitsgruppe und das damit verbundene Ziel, unproduktive Zeiten zu vermindern. Eine Kapazitätsabstimmung im Sinne dieser Arbeit ist damit nicht verbunden.

4.3 Datenaspekte der Kapazitätsabstimmung

Die Bedeutung von Daten klang in der Betrachtung von Organisations- und Funktionsaspekten schon an. Zu behandeln bleibt die Frage, wie die Datengrundlage seitens Forschung und Praxis beurteilt wird.

4.3.1 Grunddaten

Für die Ermittlung des Zeitbedarfes von Einzeltätigkeiten ist eine Reihe von Verfahren bekannt und in der Anwendung verbreitet; eine einheitliche Strukturierung existiert jedoch nicht[6]. Grundlegend zu unterscheiden sind analytische Ermittlungsverfahren[7], die

---

[1] Grundsätzliche Akzeptanzprobleme bei der Einführung DV-gestützter Systeme in der Produktion sind jedoch nicht zu erwarten (vgl. Spatz 1993). Übersichtsdarstellungen zu Anforderungen und Realisierungen von Fertigungsleitständen finden sich in Bullinger 1993; Hirsch 1993; Stadler 1993; DLR 1994; Aupperle 1997.

[2] Vgl. Fleig 1995.

[3] Vgl. Althoff 1992; Althoff 1997.

[4] Vgl. Lehn 1992; Gunkel 1997.

[5] Beschrieben in Bonitz 1995, S. 119ff.

[6] Vgl. REFA 1997, S. 61; Eversheim 1997, S. 40; Olbrich 1993, S. 25; Simon 1993, S. 42; Wiegland 1995, S. 15; Heinz 1996, S. 2213ff.; Busch 1990, S. 7; Obenauf 1985, S. 71; Remitschka 1992, S. 599ff.

[7] Vgl. REFA 1997, S. 81ff.

auf einer Beobachtung des Vorganges basieren, und synthetische Verfahren[1], die einen Vorgang aus Bewegungselementen zusammensetzen[2].

Die Verfügbarkeit leistungsfähiger Kleinrechner hat der Zeitberechnung mittels Einflußgrößen Vorschub geleistet. Hierbei werden mit statistischen Verfahren die Wirkungen von Einflußgrößen auf den betrachteten Vorgang quantifiziert. Bei variantenreichen Produktspektren kann damit schon durch vergleichsweise wenig Aufnahmen eine sichere und konsistente Datenbasis für die Zeitermittlung geschaffen werden[3].

Seit Beginn der neunziger Jahre ist eine Diskussion über die Zukunft der Zeitermittlungsverfahren sowie die damit betrauten betrieblichen Stellen in Gang gekommen[4]. Die Kritik konzentriert sich dabei weniger auf die erreichbaren Genauigkeiten[5], sondern auf das Verhältnis zwischen Aufwand und Nutzen.

Über die prinzipielle Notwendigkeit, Zeitdaten zu ermitteln, besteht hingegen kein Dissens. Generell zeichnet sich eine Hinwendung zur prozeßorientierten Betrachtung von Zeitgrößen und die integrierende Sichtweise eines Unternehmensdatenmanagements ab[6]. Des weiteren geht die Verwendung der Zeiten zur Entgeltfindung zurück, weil man sich davon einen Abbau von betrieblichen Konfliktfeldern verspricht[7].

Die analytische Zeitermittlung beinhaltet eine Auswertung der Streuung bei den beobachteten Werten[8]. Auch bei der Ermittlung vorbestimmter Zeiten im Rahmen des syn-

---

[1] Vgl. John 1987, S. 266ff.

[2] Eine Übersicht über die Zeitermittlungsverfahren gibt Bokranz 1986. Bemerkenswert ist, daß im deutschen Sprachraum eine eigenständige Entwicklungslinie mit hohem Standardisierungsgrad entstanden ist. Zur internationalen Sichtweise vgl. Panico 1991.

[3] Vgl. REFA-Nachrichten 1995. Ein vereinfachter Ansatz setzt die jeweils betrachtete Variante mittels sogenannter Schwierigkeitsfaktoren ins Verhältnis zu Grundvarianten (vgl. Bossemeyer 1997). Der Autor berichtet über eine große Akzeptanz seitens der Belegschaft. Die Verwendung eines Neuronalen Netzes zur Wissensrepräsentation ist beschrieben in Westkämper 1997d.

[4] Vgl. Schulte 1994; Grob 1995; Geiger 1996; Trognitz 1995; Kruppe 1996, Landau 1996; Nedeß 1996; Göltenboth 1997; Sauerbrey 1996; Mundel 1997; Schulte 1997.

[5] Ein hohes Genauigkeitsniveau ist mit den bekannten Verfahren prinzipiell erreichbar, sofern diese fachgerecht eingesetzt werden. Vielfach wird von realitätsfernen Grunddaten berichtet. Dieser Befund ist jedoch nicht den Verfahren selbst anzulasten, sondern der unterbliebenen Aktualisierung, in einigen Fällen auch unsachgemäßer Vorgehensweise.

[6] Vgl. Harsch 1995; Siegemund 1997; Meyer 1997; Becks 1998.

[7] Vgl. Hoepel 1997.

[8] Vgl. REFA 1997, S. 161ff.

thetischen Ansatzes wurde eine Fehlerbetrachtung angestellt[1]. In beiden Fällen werden die ermittelten Zeiten vor der Weiterverarbeitung jedoch wieder auf den Mittelwert verdichtet, was einerseits den weiteren Rechengang vereinfacht, andererseits mit einem Informationsverlust verbunden ist[2].

Vor dem Hintergrund der angesprochenen Methodendiskussion entstanden Vorschläge für alternative Zeitermittlungsverfahren: LEHN[3] leitet aus den Streuwerten von Zeiteinsatz und Mengenleistung eine neue Vorgabezeit ab. BONITZ[4] gibt, basierend auf demselben Ansatz, eine andere Berechnungsformel für die Vorgabezeit an. In beiden Fällen gehen arbeitspsychologische Phänomene in die Rechnung ein. ALTHOFF[5] leitet die Vorgabezeit aus dem erzielbaren Marktpreis ab. Für alle diese Vorschläge steht eine wissenschaftliche Überprüfung noch aus.

4.3.2 Kapazitätsdaten

Der Kapazitätsbedarf errechnet sich im Rahmen der Abstimmungsfunktion aus den eingestellten Aufträgen. Die Verbindung zwischen Mengen- und Zeitangaben wird hierbei über die Grunddaten der einzelnen Arbeitsvorgänge hergestellt. Da diese Grunddaten üblicherweise von den tatsächlich benötigten Zeiten abweichen, wird als Korrekturfaktor für Planungszwecke der Zeitgrad[6] berücksichtigt, welcher für eine Zeitperiode das Verhältnis zwischen den aus den Grunddaten errechneten Zeiten und den Istzeiten ausweist. Im Rahmen von Akkordsystemen ist regelmäßig ein höchstzulässiger Zeitgrad festgelegt, der ebenso regelmäßig von den Mitarbeitern erreicht wird. In diesem Fall ist eine hohe Korrelation zwischen Mengen und Zeitgrößen gegeben und kann planerisch einfach berücksichtigt werden[7].

---

[1] Vgl. Obenauf 1985, S. 54ff.

[2] Einzig innerhalb des PERT-Verfahrens ist eine durchgängige Betrachtung der Verteilungsfunktionen aller Einzelvorgänge gegeben (vgl. Abschnitt 4.2.1 und Golenko-Ginzburg 1988).

[3] Beschrieben in Bonitz 1995, S. 127f.

[4] Vgl. Bonitz 1995, S. 127.

[5] Vgl. Althoff 1997.

[6] Vgl. REFA 1997, S. 441f.

[7] Allerdings ist diese Linearität nur für die *gesamte* betrachtete Periode gegeben, da Mehr- und Minderleistungen sich ausgleichen bzw. ausgeglichen werden.

Einer näheren Untersuchung hält diese Linearitätsannahme jedoch nicht stand. Wie WARNECKE und HÜSER[1] anhand von Betriebsdaten aufzeigen, weist das tatsächliche Leistungsverhalten in Arbeitsgruppen – unabhängig von der Entgeltform – Mittelwertschwankungen von bis zu 20 % auf. Die ungeglätteten Schwankungen liegen z. T. erheblich darüber. Dieser Befund steht im Einklang mit Untersuchungen von FRÖHNER[2], der auf die Unsicherheit der Kapazitätsdaten hinweist und hierfür eine Vielzahl im einzelnen nicht identifizierbarer Einflüsse verantwortlich macht. An gleicher Stelle findet sich der Hinweis, daß Tagesleistungskurven einer Drift unterliegen.

Die Unsicherheit von Grunddaten[3] wird in der Anwendung für Steuerungszwecke nur von statistischen Ansätzen berücksichtigt, die jedoch, wie im Abschnitt 4.2.2 gezeigt, den Kurzfristhorizont nicht betrachten. Insofern ist davon auszugehen, daß in der unzureichenden Modellierung der Grunddaten eine Ursache der in der Praxis beobachteten Abweichungen zwischen Plan- und Istwerten im Rahmen der Kapazitätsabstimmung gesehen werden kann. Arbeiten, welche die statistische Natur dieser Grunddaten durchgängig aufgreifen, sind bislang nicht bekannt geworden[4].

Zusammenfassend kann hinsichtlich des Lösungspotentials und der Verfügbarkeit von Lösungsansätzen zur Abstimmung von Personalressourcen die in Bild 4-1 dargestellte Bewertung vorgenommen werden. Als Fazit ist festzuhalten: Große methodische Lükken bei gleichzeitig hohem Lösungspotential zeigen sich für ein Konzept, welches

- eine dezentrale Zuständigkeit der Abstimmungsaufgabe vorsieht,
- zeitreihenanalytische Verfahren nutzt,
- eine Visualisierung auf der Basis des Fortschrittszahlenansatzes vorsieht,
- die Genauigkeit, Aktualität und statistische Durchgängigkeit von Zeitsummen sicherstellt.

---

[1] Vgl. Warnecke 1996b. Vgl. auch Abschnitt 3.2.1.

[2] Vgl. Fröhner 1992.

[3] Vgl. auch Abschnitt 4.3.1.

[4] Ein diesbezüglicher Vorschlag des Autors findet sich hingegen in Warnecke 1996c.

● gering, wenig ●●●● hoch, viel

		Lösungs-potential	Verfügbare Lösungen	Forschungs-relevanz
Organisations-sicht	Zentralisierung	●●	●●●●	●●
	Dezentralisierung	●●●	●	●●●●
Funktions-sicht	OR-Methoden i.e.S.	●	●●●●	●
	Netzplantechnik	●●	●●●	●●
	Fuzzy Logic	●●	●●	●●
	Zeitreihenanalyse	●●●	●	●●●●
	Agentenkonzept	●●	●	●●●
	Monitorkonzept	●●	●●●	●●
	Regelungstheorie	●●	●	●●●
	Fortschrittszahlen	●●●	●●	●●●
	Leitstand	●●●	●●	●●●
Daten-sicht	Ermittlungsverfahren	●	●●●	●
	Genauigkeit von Einzelzeiten	●●	●●●●	●●
	Genauigkeit von Zeitsummen	●●●●	●	●●●●
	Aktualität	●●●	●●	●●●
	Statistische Durchgängigkeit	●●●	●	●●●●

Bild 4-1: Bewertung des Standes der Technik zur Lösung der Abstimmungsaufgabe

5 Zielsetzung und Vorgehensweise

Ziel dieser Arbeit ist die Entwicklung eines neuen Verfahrens zur optimalen Einsatzplanung und -steuerung von Personalressourcen in homogenen Arbeitsgruppen. Die damit herbeigeführte Kapazitätsabstimmung gewährleistet höchste Flexibilität bei der Auftragsbearbeitung und gleichzeitig wirtschaftlichen Ressourceneinsatz. Kern des Verfahrens ist die Darstellung des Kapazitätsbedarfes auf der Basis adaptiv ermittelter Leistungsparameter.

Das Verfahren zeichnet sich dadurch aus, daß

- den Mitarbeitern in der Arbeitsgruppe die für die Lösung der Optimierungsaufgabe relevanten Informationen angeboten werden,
- die Aufnahme und Verarbeitung dieser Informationen mittels einer geeigneten Visualisierungsform ermöglicht wird,
- die Urteils- und Entscheidungsfähigkeit der Mitarbeiter hinsichtlich des Ressourceneinsatzes aktiv genutzt wird,
- die Aussagequalität der gefundenen Lösung quantifiziert wird.

Zu diesem Zweck wird in einem ersten Schritt ein Daten- und Funktionsmodell gebildet, das alle bei der Optimierungsaufgabe zu berücksichtigenden Informationen beinhaltet. Dieses Modell macht es mittels geeigneter Kenngrößen möglich, das dynamische Leistungsverhalten von Arbeitsgruppen als wesentliche Einflußgröße der Optimierungsaufgabe zu beschreiben und zu beurteilen. Anschließend wird dieses Modell zu einem zeitreihenanalytischen Ansatz ausgebaut, mit dem Prognosewerte der entscheidungsrelevanten Kenngrößen bestimmt werden können. Der Verwendung dieser Kenngrößen im Rahmen der Abstimmungsfunktion dient – als Schnittstelle zum Anwender – eine neuartige, auf Zeitgrößen basierende grafische Darstellung des Auftragsfortschrittes.

Die einzelnen Bestandteile des vorstehend skizzierten und in Bild 5-1 dargestellten Lösungsweges werden im Kapitel 6 hergeleitet. Darauf aufbauend wird das Verfahren entwickelt. Gegenstand von Kapitel 7 ist die Überprüfung und Beurteilung des Verfahrens anhand von Referenzszenarien, wobei sich anhand von Praxisdaten zusätzlich empirische Erkenntnisse grundsätzlicher Art ergeben, welche im Rahmen der abschließenden Betrachtung Vorschläge zu weiterführenden Arbeiten hinsichtlich Methodik und Anwendungsfeld initiieren.

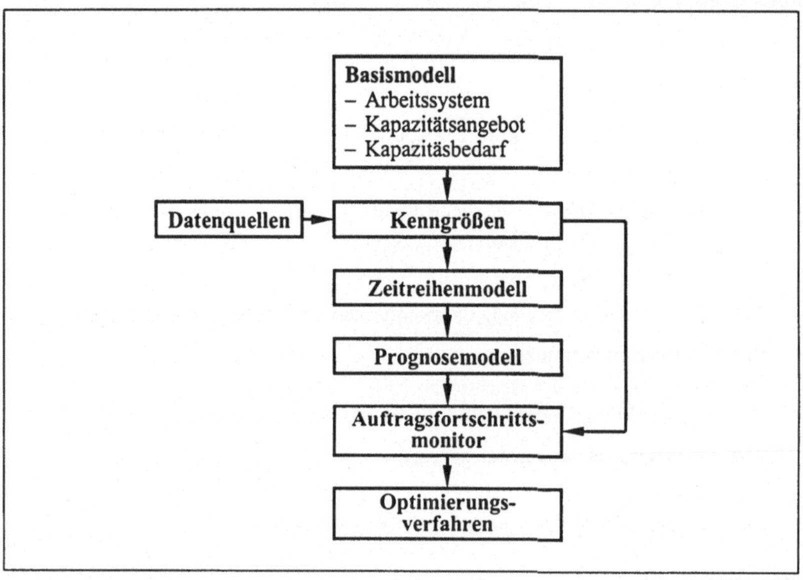

Bild 5-1: Lösungsweg

6 Entwicklung eines Verfahrens zur Kapazitätsabstimmung in homogenen Arbeitsgruppen

6.1 Basismodell

Ausgangspunkt der Entwicklung eines Verfahrens zur Kapazitätsabstimmung ist die Bildung eines Modells des Gegenstandsbereiches. Nachfolgend wird zunächst das betrachtete Arbeitssystem beschrieben, um darauf aufbauend die Eingangsgrößen der Abstimmungsfunktion darzustellen.

6.1.1 Modell des Arbeitssystems

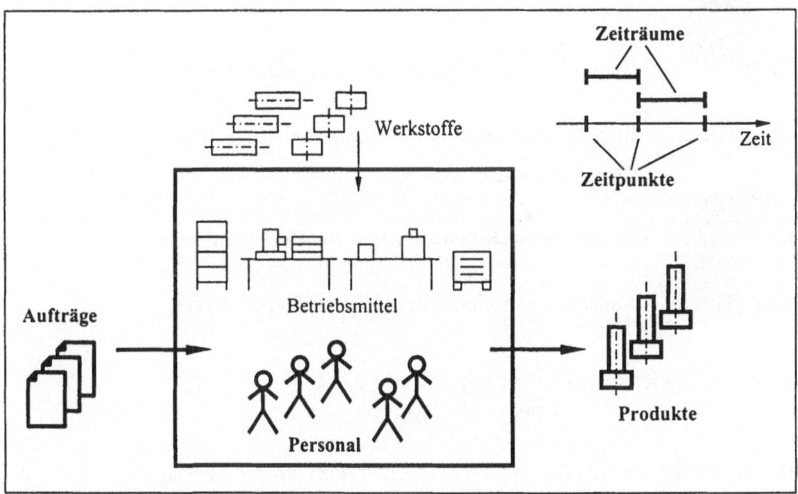

Bild 6-1: Modell des Arbeitssystems

Das Arbeitssystem umfaßt das zugeordnete Personal und die bereitgestellten Betriebsmittel (Bild 6-1). In dieses System hineingeführt werden Aufträge sowie Werkstoffe[1]. Das System verlassen die fertiggestellten Produkte. Im Sinne der auf die Abstimmung

[1] Der im Sinne von Abschnitt 2.1 benutzte Begriff Werkstoff steht hier für alle Gegenstände, die im Arbeitssystem einem Fertigungsverfahren (vgl. DIN 8580) unterworfen werden. Hierunter fallen somit auch Vorprodukte, die bereits ein vorgelagertes Arbeitssystem inner- oder außerhalb des Unternehmens durchlaufen haben.

von Personalressourcen gerichteten Aufgabenstellung werden Werkstoffe und Betriebsmittel als nicht engpaßbehaftet, d. h. als quasi unbegrenzt verfügbar behandelt[1] und sind deshalb nicht Gegenstand der weiteren Betrachtungen. In die problemspezifische Beschreibung gehen zeitbezogene Größen ein, welche Zeitpunkte oder Zeiträume wiedergeben. Eine Quantifizierung der für die Abstimmungsfunktion relevanten Beschreibungsgrößen erfolgt in den nachfolgenden Abschnitten.

6.1.2 Modell des Kapazitätsangebotes

Das im Rahmen dieser Arbeit betrachtete Kapazitätsangebot wird vollständig beschrieben durch das zu einem Zeitpunkt bzw. in einem Zeitraum im Arbeitssystem vorhandene Personal. Hierbei gilt (vgl. Bild 6-2):

KAP: Kapazitätsquerschnitt; [KAP] = Pers.; $KAP \in \mathbb{N}$

TBA; TBE: Beginn bzw. Ende des Bezugszeitraums; [TBA] = [TBE] = Std.; $TBA; TBE \in \mathbb{R}^+$

KAP (TBA): Kapazitätsquerschnitt zu Beginn des Bezugszeitraums

KAP (T): Kapazitätsquerschnitt zum Zeitpunkt $T \in \mathbb{R}^+$, wobei

$$KAP\,(T) = KAP\,(TBA) + \sum_{t=TBA}^{T} (KAPZU_t - KAPAB_t)$$

Hierbei bezeichnen KAPZU und KAPAB den Personalzu- und -abgang.

ZI: Istzeit (d. h. die Summe der Anwesenheitszeiten in einem Bezugszeitraum); [ZI] = Pers. · Std.; $ZI \in \mathbb{R}^+$, wobei

$$ZI := \int_{TBA}^{TBE} KAP\,(t)\;dt$$

[1] Vgl. Abschnitt 2.3.

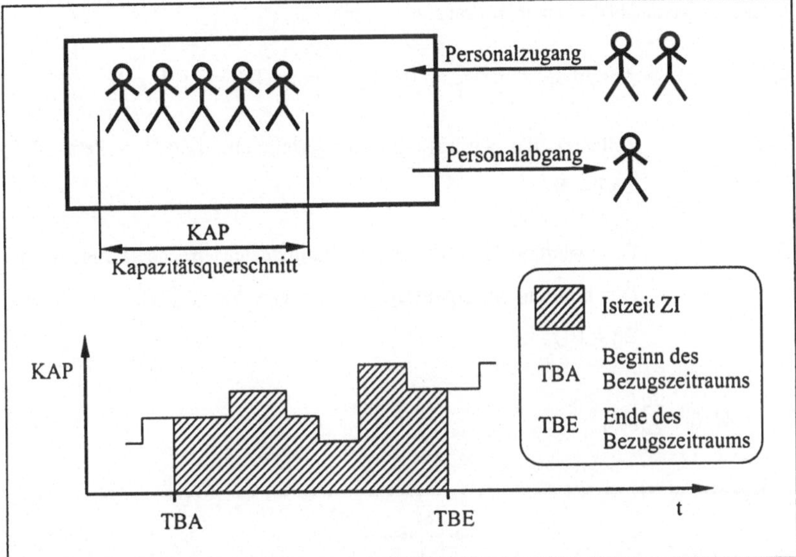

Bild 6-2: Modellierung des Kapazitätsangebotes

6.1.3 Modell des Kapazitätsbedarfes

Der Kapazitätsbedarf setzt sich zusammen aus den entsprechenden Bedarfen der einzelnen Aufträge, für die jeweils gilt (vgl. Bild 6-3):

ZEI: Zeit je Einheit; [ZEI] = Pers. · Std. / Stck.; $ZEI \in \mathbb{R}^+$

ZRS: Rüstzeit; [ZRS] = Pers. · Std.; $ZRS \in \mathbb{R}^+$

ZAF: Ausführungszeit; [ZAF] = Pers. · Std.; $ZAF \in \mathbb{R}^+$

M: Stückzahl; [M] = Stck.; $M \in \mathbb{N}$

ZA: Auftragszeit; [ZA] = Pers. · Std.; $ZA \in \mathbb{R}^+$

$$ZA := ZRS + ZAF = ZRS + M \cdot ZEI$$

TAE: Termin für Auftragsende; [TAE] = Std.; $TAE \in \mathbb{R}^+$

Für den Kapazitätsbedarf einer Auftragsreihung gilt:

N: Anzahl der Aufträge im Bezugszeitraum; [N] = { }; $N \in \mathbb{N}$

ZAT: Zeitanteil des Auftrags im Bezugszeitraum; [ZAT] = Pers. · Std.; $ZAT \in \mathbb{R}^+$

ZE: Zeiterwartung (d. h. die aus den Grunddaten errechnete Zeit für die Durchführung aller Aufträge im Bezugszeitraum; [ZE] = Pers. · Std.; $ZE \in \mathbb{R}^+$)

$$ZE := ZAT_1 + \sum_{i=2}^{N} ZA_i$$

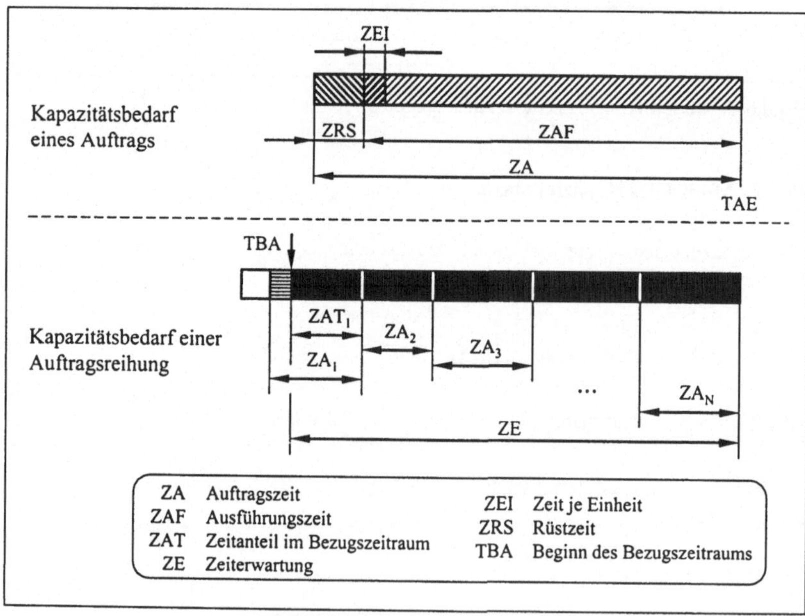

Bild 6-3: Modellierung des Kapazitätsbedarfes

6.2 Kenngröße zur Beschreibung von Zeitabweichungen

Die Grunddaten zum Zeitaufwand für einzelne Arbeitsvorgänge sind Planwerte, die mit einem geeigneten Verfahren zur Datenermittlung bestimmt werden[1]. Zwischen den Planwerten und den tatsächlich aufgewandten Zeiten treten in der Praxis grundsätzlich Abweichungen auf. Die Kenntnis dieser Abweichungen ist von essentieller Bedeutung für die Anwendbarkeit der Grunddaten.

6.2.1 Definition

In dieser Arbeit wird die Abweichung der im Bezugszeitraum aufgrund der Planwerte erwarteten Gesamtzeit von der beobachteten Istzeit abgebildet, indem der Quotient aus erwarteter Zeit und Istzeit bestimmt wird. Diese Kenngröße entspricht formal dem Zeitgrad[2], wird jedoch anders als in der üblichen Handhabung kurzzyklisch ermittelt. Deshalb wird hierfür der Begriff *dynamischer Zeitgrad* eingeführt. Dadurch kann neben dem Niveau der Leistung des Arbeitssystems insbesondere dessen Veränderung im Zeitablauf betrachtet werden[3].

$$DZ := \frac{ZE}{ZI}$$

Diese dimensionslose Größe kann als Zeitreihe (DZ_t) dargestellt werden.

6.2.2 Ermittlung aus Betriebsdaten

Die Zeitreihe (DZ_t) wird aus den definitorischen Größen für jeden Arbeitstag ermittelt. Da ausschließlich die für den gesamten Arbeitstag kumulierten Werte in die Rechnung eingehen, ist eine Kenntnis der Istzeiten für einzelne Aufträge nicht erforderlich[4]. Während sich die kumulierte Zeiterwartung aus den Stückzahlen und Grunddaten ergibt,

---

1 Vgl. Abschnitte 3.3.1 und 4.3.1.

2 Vgl. REFA 1997, S. 440ff. sowie Abschnitt 4.3.2.

3 Nicht verwechselt werden darf der Zeitgrad mit dem Leistungsgrad, der bei einer Zeitdatenaufnahme die beobachtete Zeit ins Verhältnis zu einer vorgestellten Bezugszeit setzt und damit subjektiven Einflüssen unterliegt (vgl. REFA 1997, S. 125ff.).

4 Insofern ist dieser Ansatz robust gegenüber Ungenauigkeiten bei den Rückmeldungen über fertiggestellte Aufträge (vgl. Abschnitt 3.2.2).

stützt sich die Istzeit auf die Anwesenheitszeiterfassung der Mitarbeiter. Dies bedingt, daß ein eventueller Wechsel der Gruppenzuordnung einzelner Mitarbeiter zeitrichtig zu erfassen ist.

Zeiterwartung und Istzeit basieren auf Daten, die in einem Industriebetrieb in aller Regel vorhanden sind (vgl. Bild 6-4). Unter Umständen ist aber eine zeitliche Erfassung der Gruppenzuordnung von Mitarbeitern einzuführen.

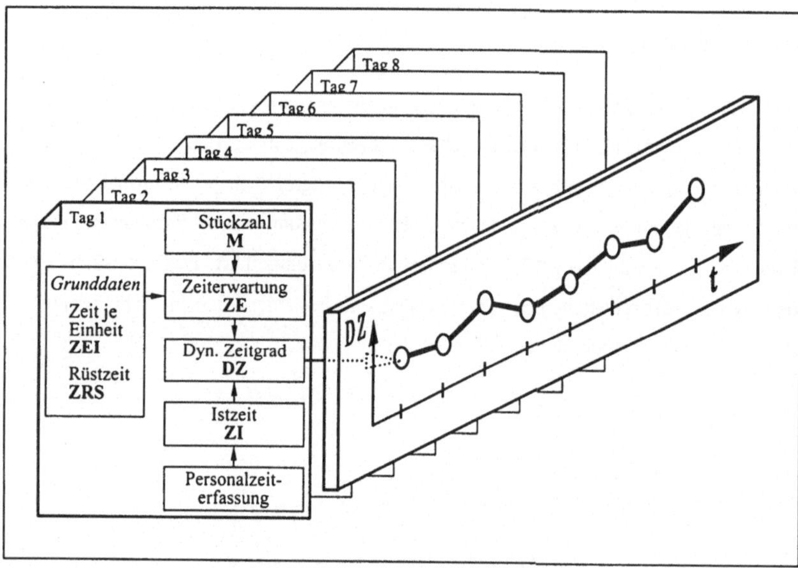

Bild 6-4: Ermittlung von (DZ_t) aus betrieblichen Daten

6.3 Zeitreihenbeschreibung des dynamischen Zeitgrades

Die Zeitreihe (DZ_t) enthält Informationen über das Systemverhalten der betrachteten Arbeitsgruppe. Um diese Informationen für Zwecke der Kapazitätsabstimmung nutzbar zu machen, besteht ein Interesse daran, die Zeitreihe abzubilden. Zu unterscheiden sind hierbei ein rein *beschreibender* Ansatz, dem keine explizite Modellvorstellung über das

Entstehen der Zeitreihe zugrunde liegt, und ein *erklärender* Ansatz, der auf einer solchen Modellvorstellung beruht[1].

Alle nachfolgenden Untersuchungen basieren auf einer *einzelnen* Zeitreihe, weshalb man auch von einer univariaten Analyse spricht. Die Betrachtung von Abhängigkeiten verschiedener Zeitreihen, welche für volks- und betriebswirtschaftliche Fragestellungen von Bedeutung ist, wird hier ausgeklammert, weil für den Betrachtungsgegenstand dieser Arbeit nur eine einzige Zeitreihe zur Verfügung steht[2].

6.3.1 Beschreibende Zeitreihenanalyse des dynamischen Zeitgrades

Eine intuitive Beschreibung einer Zeitreihe geht davon aus, daß sich diese aus drei Komponenten zusammensetzt,

- dem *Trend*, der eine systematische Veränderung des mittleren Niveaus ausdrückt,
- der *zyklischen Komponente*, die eine (nicht notwendigerweise regelmäßige) Schwankung beschreibt[3], und
- der *Restkomponente*, welche die nicht zu erklärenden Effekte zusammenfaßt.

Diese Komponenten können additiv oder multiplikativ miteinander verknüpft werden (vgl. Bild 6-5); diese Entscheidung ist von Überlegungen zur gegenseitigen Beeinflussung der Komponenten abhängig zu machen. Eine multiplikative Verknüpfung ist im Kontext dieser Arbeit jedoch nicht sinnvoll, da der Definitionsbereich von (DZ_t) sich auf positive Werte beschränkt und zudem der Einfluß der Restkomponente unrealistisch hoch erscheint.

---

[1] Neben der hier behandelten Modellbildung im Zeitbereich ist eine solche im Frequenzbereich möglich, welche eine Zeitreihe als Überlagerung harmonischer Schwingungen darstellt. Beide Ansätze können ineinander überführt werden und sind insofern gleichwertig (vgl. Schlittgen 1995, S. 155ff.; S. 353ff.). Zweckmäßig ist eine Betrachtung im Frequenzbereich jedoch nur bei Vorgängen mit deutlicher Periodizität. Da dies für den dynamischen Zeitgrad nicht gegeben ist, beschränkt sich diese Arbeit auf die Modellbildung im Zeitbereich.

[2] Eine signifikante Korrelation zwischen Produktivitätskenngrößen verschiedener Arbeitsgruppen ließ sich in Untersuchungen des Autors nicht feststellen.

[3] Abhängig vom damit verfolgten Zweck kann die zyklische Komponente in einen regelmäßigen Anteil („Saison“) und einen unregelmäßigen Anteil („Konjunktur“) untergliedert werden.

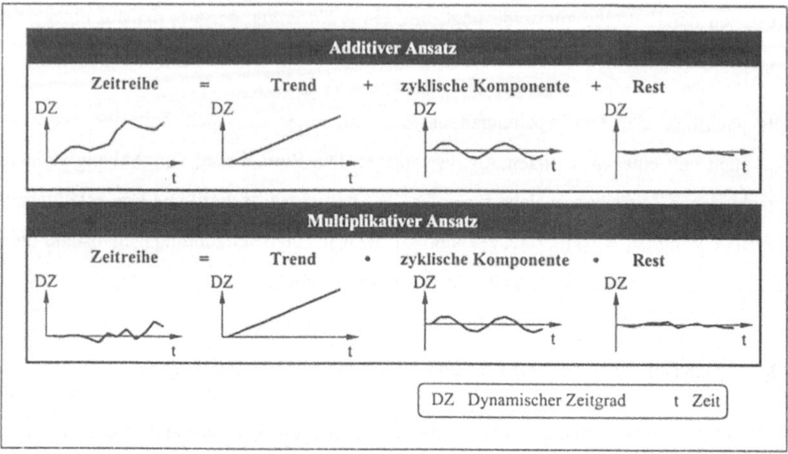

Bild 6-5: Komponentenansätze für Zeitreihen

Die Bestimmung des Trends kann durch Annahme einer Funktion über der Zeit erfolgen. Im einfachsten Fall wird eine lineare Beziehung in Ansatz gebracht. Ebenso wie bei nichtlinearen Funktionen erfolgt die Bestimmung der Funktionsparameter hierbei über das Kleinst-Quadrate-Kriterium.

In Zeitreihen ohne ausgeprägten zyklischen Anteil ist, abgesehen von der Bestimmung eines linearen Trends, eine Zerlegung in Komponenten wenig hilfreich, da eine deutliche Abgrenzung der angenommenen Einflüsse nicht gelingt[1]. Dies ist bei Zeitreihen (DZ_t) in der Regel der Fall. Deshalb beschränkt sich das Anwendungsfeld der beschreibenden Zeitreihenanalyse auf Glättungsverfahren, welche irreguläre Schwankungen durch lokale Approximationen ausschalten und dadurch den grundsätzlichen Verlauf der Zeitreihe aufzeigen.

Formal gesehen handelt es sich hierbei um Filterverfahren, welche die Zeitreihe transformieren. Neben gleitenden Durchschnitten und Differenzenfiltern, die hier nicht näher betrachtet werden[2], liefert die exponentielle Glättung eine transformierte Zeitreihe:

---

[1] Das Vorliegen einer signifikanten Trendkomponente läßt sich durch Testverfahren überprüfen (vgl. Hartung 1998, S. 247ff.).

[2] Zu gleitenden Durchschnitten und Differenzenfiltern vgl. Schlittgen 1995, S. 35ff.

$$\overline{DZ}_T := \beta \cdot \overline{DZ}_{T-1} + (1-\beta) \cdot DZ_T \qquad 0 < \beta < 1 \qquad \beta \in \mathbb{R}$$

Der Glättungsparameter β steuert das Verhalten des Filters: Je größer β, desto größer die Glättung[1]. Für eine vorliegende Zeitreihe läßt sich ein geeigneter Glättungsparameter bestimmen, indem die Residuen[2] minimiert werden:

$$\sum_{T=m}^{n-1} \left[DZ_{T+1} - \overline{DZ}_T(\beta) \right]^2 \to \min! \quad (m,n \in \mathbb{N};\ m=\text{Startwert},\ n=\text{letzter Wert der Zeitreihe})$$

6.3.2 Erklärende Zeitreihenanalyse des dynamischen Zeitgrades

Aussagekräftiger als ein rein beschreibender Ansatz ist die Modellierung einer Zeitreihe als stochastischer Prozeß[3]. Ein stochastischer Prozeß ist eine Folge von Zufallsvariablen; jedem Zeitpunkt der Zeitreihe ist eine Zufallsvariable zugeordnet. Eine beobachtete Zeitreihe wird dabei als Realisation eines Zufallsvorganges angesehen. Diese Modellvorstellung erlaubt es – unabhängig von der Kenntnis über die tatsächlichen substantiellen Wirkungsmechanismen beim Entstehen der realen Zeitreihe – ein formales Instrumentarium zur Auswertung dieser Zeitreihe anzuwenden.

Den nachfolgenden Ausführungen liegt der BOX-JENKINS-Ansatz[4] zugrunde, welcher einen stochastischen Prozeß mittels der Elemente

- *Autoregressiver Prozeß* (AR-Prozeß) und

- *Moving-Average-Prozeß* (MA-Prozeß)

beschreibt.

Ein Autoregressiver Prozeß stellt die Zeitreihe (DZ_t) durch eine multiple Regression der Vergangenheitswerte von DZ_t dar:

[1] Vgl. Abschnitt 4.2.1. Die Bezeichnung exponentielle Glättung erklärt sich dadurch, daß die Gewichte der zurückliegenden Beobachtungen exponentiell abnehmen.

[2] Residuen sind die Abweichungen zwischen (in diesem Fall durch Anwendung der exponentiellen Glättung) geschätzten und tatsächlichen Werten.

[3] Vgl. Abschnitt 4.2.1.

[4] Eine umfassende Darstellung findet sich in Box 1994.

$$DZ_T = \Phi_1 \cdot DZ_{T-1} + \ldots + \Phi_p \cdot DZ_{T-p} + \varepsilon_T \qquad \Phi_i, \varepsilon_i \in \mathbb{R};\ p \in \mathbb{N}$$

Hierbei ist (ε_t) ein reiner Zufallsprozeß, eine Folge von identisch verteilten und unabhängigen Zufallsvariablen[1]. Der Parameter p kennzeichnet die Ordnung des AR-Prozesses, Φ_i sind zu bestimmende Modellparameter.

Ein Moving-Average-Prozeß folgt der Bestimmungsgleichung

$$DZ_T = \varepsilon_T - \Theta_1 \cdot \varepsilon_{T-1} - \ldots - \Theta_q \cdot \varepsilon_{T-q} \qquad \Theta_i \in \mathbb{R};\ q \in \mathbb{N}$$

Hierdurch wird ein linearer Zusammenhang zwischen einem Wert DZ_T und den vorherigen Abweichungen von diesem Modell beschrieben.

Bild 6-6 veranschaulicht die Bestimmungsgleichungen für AR- und MA-Modelle.

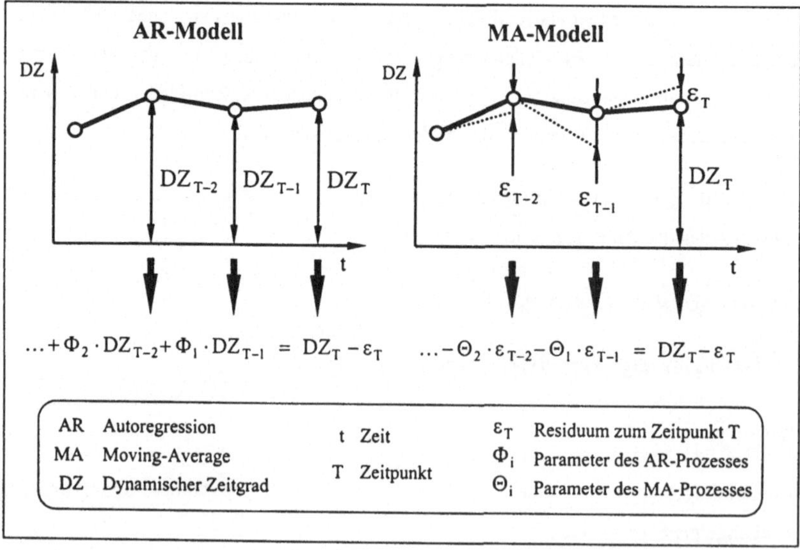

Bild 6-6: Bestimmungsgleichungen für AR- und MA-Zeitreihenmodelle

Durch Kombination eines AR(p)-Modells mit einem MA(q)-Modell erhält man ein ARMA(p,q)-Modell. Eine Verallgemeinerung führt auf ein ARIMA(p,d,q)-Modell, in-

[1] Ein solcher Zufallsprozeß wird auch als White-Noise-Prozeß bezeichnet.

dem auf die betrachtete Zeitreihe zunächst ein Differenzenfilter[1] der Ordnung d angewandt wird. Dies ist von erheblicher praktischer Bedeutung, weil ARMA-Modelle einen schwach stationären Prozeß[2] voraussetzen; ein Differenzenfilter eliminiert einen Trend der Ordnung d und erzeugt in der Regel einen schwach stationären Prozeß.

Die Anwendung von ARIMA-Modellen läßt sich in drei Schritte gliedern[3]: die Identifikation der Modellparameter p, d und q, die Schätzung der Koeffizienten des Modells und die Diagnose der Modellgüte. Ein geschlossener Algorithmus für das Gesamtvorgehen läßt sich nicht angeben. Vielmehr ist ein interaktives Vorgehen erforderlich, welches iterativ zur Lösung führt.

Zur Identifikation der Modellparameter werden die Autokorrelationsfunktion[4] und die partielle Autokorrelationsfunktion ausgewertet. Deren Gestalt wird mit den Grundmustern typischer ARIMA-Modelle verglichen und erlaubt damit die Auswahl eines geeigneten Modellansatzes[5].

Die Schätzung der Koeffizienten des Modells ist algorithmierbar und Bestandteil von Standardsoftware zur Zeitreihenanalyse. Hinsichtlich einer näheren Beschreibung der angewandten Algorithmen wird auf die Fachliteratur verwiesen[6].

Im dritten Schritt erfolgt die Diagnose des Modells. Hierzu benutzt man formale Selektionskriterien[7] wie das Akaike's Information Criterion, das Bayesian Information Crite-

---

1 Ein Differenzenfilter transformiert eine Zeitreihe durch Bildung der Differenz zweier benachbarter Zeitreihenwerte.

2 Ein schwach stationärer Prozeß zeichnet sich dadurch aus, daß Erwartungswert und Kovarianzen invariant gegenüber Zeitverschiebungen sind.

3 Vgl. Fieger 1995, S. 97ff.

4 Die Autokorrelationsfunktion beschreibt die Abhängigkeit zwischen den Werten einer Zeitreihe und deren Vorgängern. Bei der partiellen Autokorrelationsfunktion werden nur die unmittelbaren, d. h. nicht über Zwischenwerte der Zeitreihe vermittelten Zusammenhänge dargestellt (vgl. Schlittgen 1995, S. 194ff.).

5 Nach Empfehlungen von Box und Jenkins sollen dabei Modelle mit wenigen Parametern bevorzugt werden („Principle of Parsimony", vgl. Box 1994, S. 16). Erfahrungen des Autors zeigen, daß dies für Zeitreihen des dynamischen Zeitgrades in der Regel möglich ist.

6 Vgl. SPSS 1997, S. 46; Melard 1984.

7 Die Berechnungsvorschriften für die aufgeführten Kriterien sind aufgeführt in Schlittgen 1995, S. 335. Neben den Residuen werten diese Kriterien auch die Komplexität des Modells aus und berücksichtigen damit das „Principle of Parsimony".

rion oder das Hannan-Quinn-Kriterium. Zur Modelldiagnose soll ein Zeitreihenabschnitt verwendet werden, der nicht zuvor für die Parameterschätzung zur Anwendung kam[1].

Die vorstehend beschriebene Modellbildung ist in der Regel einmal durchzuführen und bleibt gültig, bis wesentliche Änderungen im Arbeitssystem einen Strukturbruch mit sich bringen.

Falls für einen zu betrachtenden Prozeß die Markoff-Eigenschaft[2] zutrifft, kann er als Sonderfall eines ARIMA-Prozesses behandelt werden:

$$\Phi_i = 0 \text{ und } \Theta_i = 0 \text{ für } i > 1$$

Damit entfällt die Notwendigkeit, diskrete Zustände bzw. Zustandsklassen der Markoff-Kette zu definieren und das Vorliegen ihrer kennzeichnenden Eigenschaft zu überprüfen. Deshalb wird auf den Markoff-Ansatz nicht weiter eingegangen.

6.4 Prognoseverfahren für Zeitreihen

Während den vorhergehenden Abschnitten vollständig bekannte Zeitreihen zugrunde lagen, richtet sich der Blick nun auf die Fortsetzung dieser Zeitreihen in die Zukunft, um diese damit für Planungs- und Steuerungszwecke nutzbar zu machen.

Prognose ist die Vorhersage zukünftiger Ereignisse aufgrund von Informationen aus der Vergangenheit. Basiert diese wie im vorliegenden Fall auf einer univariaten Zeitreihenanalyse, sind autoprojektive Verfahren anzuwenden, die sich allein auf die vorliegende Zeitreihe stützen. Hierbei kann – der bereits behandelten Modellbildung entsprechend – ein beschreibender oder ein erklärender Ansatz gewählt werden.

---

[1] Hiermit wird eine Überanpassung des Modells vermieden, welche zu einer schlechten Übereinstimmung neuer Datensätze mit dem gewählten Modell führt.

[2] Vgl. Abschnitt 4.2.1.

6.4.1 Prognosen mit beschreibendem Ansatz

Neben den hier nicht betrachteten Trendanalysen[1] kommt für Prognosen, die auf einem beschreibenden Ansatz beruhen, in der Praxis fast ausschließlich die exponentielle Glättung zur Anwendung. Hierzu wird die bereits bekannte Berechnungsvorschrift[2] als Prognosefilter gedeutet. Die einen Schritt in die Zukunft gerichtete Prognose[3] lautet demgemäß

$$\bar{\bar{DZ}}_{T,1} := \beta \cdot \bar{\bar{DZ}}_{T-1,1} + (1-\beta) \cdot DZ_T$$

Als Verallgemeinerung des exponentiellen Glättens erlaubt das Verfahren nach HOLT[4] und WINTERS[5] die Abbildung eines lokalen linearen Trends und einer Saisonfigur[6]. Während die einfache exponentielle Glättung nur eine Einschrittprognose ermöglicht[7], liefert das Holt-Winters-Verfahren unterschiedliche Werte für die Mehrschrittprognose.

Für die einfache exponentielle Glättung kann ein Prognoseintervall berechnet werden, welches mit einer gewählten Wahrscheinlichkeit den zu prognostizierenden Wert enthält[8]. Hierzu wird zunächst mit einem exponentiellen Ansatz die mittlere absolute Abweichung ermittelt:

$$\bar{\Delta}(DZ_T) = \beta \cdot \bar{\Delta}(DZ_{T-1}) + (1-\beta) \cdot |res(DZ_T)|$$

mit $res(DZ_T) =$ Residuum von (DZ_T).

---

[1] Trendanalysen stützen sich auf eine Komponentenzerlegung der Zeitreihe, welche mittels linearer oder nichtlinearer Funktionen beschrieben wird. Der Einsatzbereich liegt bei einem mittel- bis langfristigen Prognosehorizont.

[2] Vgl. Abschnitt 6.3.1.

[3] Im weiteren als Einschrittprognose bezeichnet. Bei größerem Prognosehorizont spricht man von Mehrschrittprognosen.

[4] Vgl. Holt 1957.

[5] Vgl. Winters 1960.

[6] Zur Berechnungsvorschrift des Holt-Winters-Verfahrens vgl. Schlittgen 1995, S. 48ff.

[7] Eine Mehrschrittprognose ist hier identisch mit der Einschrittprognose, wie sich aus der Berechnungsvorschrift eindeutig ergibt.

[8] Vgl. Montgomery 1976, S. 157f.. Der Herleitung liegt die Annahme normalverteilter Residuen zugrunde. Das Verfahren ist aber robust gegenüber Abweichungen von dieser Annahme.

Ein Schätzwert für die Standardabweichung des Zufallsprozesses (ε_t) errechnet sich zu

$$\hat{\sigma}_\varepsilon(DZ_T) = 1{,}25\ \bar{\Delta}(DZ_T)$$

Die Grenzen des Prognoseintervalls für die Einschrittprognose lauten dann

$$UKG(\bar{\bar{DZ}}_{T,1}) = \bar{\bar{DZ}}_{T,1} - u_{1-\alpha/2}\ \hat{\sigma}_\varepsilon(DZ_T)$$

$$OKG(\bar{\bar{DZ}}_{T,1}) = \bar{\bar{DZ}}_{T,1} + u_{1-\alpha/2}\ \hat{\sigma}_\varepsilon(DZ_T)$$

Hierbei sind

UKG: Untere Konfidenzgrenze

OKG: Obere Konfidenzgrenze

$u_{1-\alpha/2}$: $1-\alpha/2$-Quantil der Standardnormalverteilung[1]

α: Irrtumswahrscheinlichkeit[2]

Wie die Prognosewerte selbst werden somit auch die Konfidenzgrenzen der exponentiellen Glättung ständig an den aktuellen Verlauf der Zeitreihe angepaßt.

Ein sehr einfaches Verfahren zur Bestimmung von Prognosewerten und Konfidenzgrenzen für Zeitreihen betrachtet die vorliegenden Zeitreihenwerte als Stichprobe einer Grundgesamtheit. Mittels einer Schätzung der empirischen Momente[3] lassen sich dann Erwartungswert und Prognoseintervall angeben[4]. Dieser Ansatz kann als *triviale Prognose* bezeichnet werden.

Indem als Stichprobe jeweils die jüngsten vorliegenden Zeitreihenwerte Verwendung finden, läßt sich hierbei auch ein Adaptionsmechanismus verwirklichen. Voraussetzung

---

[1] Die Werte sind vertafelt (vgl. Bronstein 1981, S. 71f.).

[2] Die Irrtumswahrscheinlichkeit ist die Wahrscheinlichkeit, mit der der Prognosewert nicht in das ermittelte Intervall fällt. Oft wird auch als Komplementärgröße der Irrtumswahrscheinlichkeit die statistische Sicherheit angegeben.

[3] Empirische Momente erster und zweiter Ordnung sind das arithmetische Mittel und die Standardabweichung.

[4] Vgl. Sachs 1997, S. 366ff.

für eine korrekte Anwendung der trivialen Prognose ist die strenge Stationärität[1] der Zeitreihe, welche für den dynamischen Zeitgrad in der Regel nicht gegeben ist.

6.4.2 Prognosen mit erklärendem Ansatz

Die Prognose auf der Basis eines erklärenden Modells erfolgt durch Anwendung der Bestimmungsgleichung des ARIMA(p,d,q)-Modells. Aus Gründen der Übersichtlichkeit wird der nachfolgenden Herleitung ein ARMA(p,q)-Modell zugrunde gelegt. Hierzu wird die Zeitreihe zunächst mittels des Backshift-Operators B transformiert, für den gilt:

$$B^d \; DZ_T := DZ_{T-d}$$

Für die im folgenden betrachtete Zeitreihe (dz_t) gilt demgemäß:

$$dz_T = (1-B)^d \; DZ_T$$

Der Exponent d steht dabei für die Ordnung d im Rahmen des ARIMA(p,d,q)-Modells. Die Zeitreihen (DZ_t) und (dz_t) sind ohne Informationsverlust ineinander überführbar, so daß die genannte Transformation keine Einschränkung für das Verfahren darstellt.

Das ARMA-Modell für (dz_t) lautet[2]:

$$dz_{T+h} = \Phi_1 \; dz_{T+h-1} + \ldots + \Phi_p \; dz_{T+h-p} + \varepsilon_{T+h} + \Theta_1 \; \varepsilon_{T+h-1} + \ldots + \Theta_q \; \varepsilon_{T+h-q} \qquad h \in \mathbb{N}$$

Hieraus werden rekursiv die Prognosewerte berechnet, beginnend mit

$$\bar{\bar{d}}z_{T,1} = \Phi_1 \; dz_T + \ldots + \Phi_p \; dz_{T+1-p} + \Theta_1 \; \varepsilon_T + \ldots + \Theta_q \; \varepsilon_{T+1-q}$$

[1] Eine Zeitreihe ist streng stationär, wenn die gemeinsame Verteilungsfunktion ihrer Werte invariant gegenüber Zeitverschiebungen ist (vgl. Schlittgen 1995, S. 104). Zum Begriff der schwachen Stationarität vgl. Abschnitt 6.3.2.

[2] Der Index h bezeichnet den Prognosehorizont. Für die Einschrittprognose gilt h=1.

Sofern (dz_t) ein Normalprozeß[1] ist, lassen sich Prognoseintervalle für die h-Schrittprognosen $\bar{\bar{dz}}_{T,h}$ angeben[2]:

$$UKG(\bar{\bar{dz}}_{T,h}) = \bar{\bar{dz}}_{T,h} - u_{1-\alpha/2}\sqrt{V(h)} \qquad OKG(\bar{\bar{dz}}_{T,h}) = \bar{\bar{dz}}_{T,h} + u_{1-\alpha/2}\sqrt{V(h)}$$

Hierbei sind

$$V(h) = \hat{\sigma}_\varepsilon^{\,2} \sum_{j=0}^{h-1} \Psi_j^{\,2} \qquad \Psi_j = \begin{cases} 1 & \text{für } j = 0 \\ \sum_{i=1}^{j} \Phi_i \, \Psi_{j-i} + \Theta_j & \text{für } j > 0 \end{cases}$$

$$\Phi_i = 0 \quad \text{für } i > p \qquad \text{und} \qquad \Theta_j = 0 \quad \text{für } j > q$$

Als Ergebnis der zeitreihenanalytischen Untersuchung des dynamischen Zeitgrades stehen damit die Prognosewerte $\bar{\bar{DZ}}_{T,h}$, $UKG(\bar{\bar{DZ}}_{T,h})$ und $OKG(\bar{\bar{DZ}}_{T,h})$ zur Verfügung (Bild 6-7).

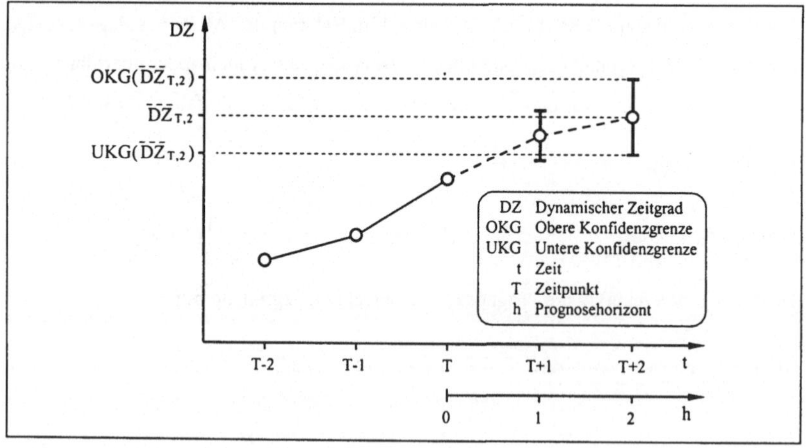

Bild 6-7: Prognosewerte des dynamischen Zeitgrades

---

[1] Ein stochastischer Prozeß ist ein Normalprozeß, wenn für jede endliche Auswahl von Zeitpunkten die Zufallsvariablen multivariat normalverteilt sind (vgl. Schlittgen 1995, S. 99). Verfahren zur Überprüfung des Vorliegens einer Normalverteilung sind beschrieben in Sachs 1997, S. 146f. und S. 422ff. Die Konfidenzintervalle bei der Prognose von Zeitreihen sind jedoch unempfindlich gegenüber einer Verletzung der Normalverteilungsannahme (vgl. Hartung 1998, S. 693).

[2] Vgl. Hartung 1998, S. 693.

6.5 Bewertung und Auswahl von Zeitreihenmodellen

Vor der praktischen Anwendung der beschriebenen Zeitreihenmodelle und darauf aufbauender Prognoseverfahren steht deren Bewertung und Auswahl. Die hierbei zu betrachtenden Kriterien lassen sich in Aufwands- und Nutzenkriterien gliedern (vgl. Bild 6-8). Die Bewertungen hinsichtlich der Prognosegenauigkeit können an dieser Stelle nur eine Tendenzaussage wiedergeben, da sie stark vom Anwendungsfall abhängig sind, weshalb diese Frage im Kapitel 7 anhand eines Praxisbeispiels nochmals aufgegriffen wird. Als Referenzlösung ist die Bewertung des trivialen Modells angegeben, welches die Zeitreihe durch ihren Mittelwert beschreibt und diesen auch als Prognosewert verwendet.

++ positiv
+
o
–
–– negativ

	Aufwand			Nutzen		
	Schulung	Modell-bildung	Parameter-berechnung	Prognose-genauigkeit	Prognose-intervall	Wissen über System-verhalten
Triviales Modell	++	++	++	––	o	––
Exponentielle Glättung	o	o	o	+	+	–
ARIMA-Modell	––	––	o	++	++	++

Bild 6-8: Beurteilung von Zeitreihenmodellen des dynamischen Zeitgrades

Als vorläufiges Fazit ist an dieser Stelle festzuhalten, daß leistungsfähige Verfahren zur Modellierung des dynamischen Zeitgrades verfügbar sind, deren Anwendung jedoch einen gewissen Aufwand erfordert. Gegenstand des nachfolgenden Abschnittes ist es zu zeigen, daß diesem Aufwand ein deutlicher Nutzen gegenübersteht.

6.6 Monitorkonzept zum Auftragsfortschritt

Zum praktischen Einsatz kommen die vorstehend eingeführten Zeitreihenmodelle und Prognoseverfahren im Rahmen eines Monitorkonzeptes, welches ein wesentlicher Bestandteil des Verfahrens zur Kapazitätsabstimmung in Arbeitsgruppen ist. Als Bestimmungsgrößen des dynamischen Zeitgrades sind Zeiterwartung und Istzeit von großer

Bedeutung für die Abstimmungsfunktion, weil sie die Ein- und Ausgangsgrößen dieser Funktion miteinander verbinden: In die Zeiterwartung gehen die Mengenanforderungen des Produktionsprogramms ein, die Istzeit ist eine Kenngröße für den Ressourceneinsatz.

6.6.1 Zeitfortschrittsdiagramm

Die Größen Istzeit ZI und Zeiterwartung ZE können in einem Schaubild miteinander verknüpft werden, indem in einem Koordinatensystem auf der Abszisse ZI und auf der Ordinate ZE aufgetragen werden. Jeder Auftragsfortschritt resultiert aus einem Zeiteinsatz ZI; dessen Ergebnis ist eine in Zeiteinheiten ausgedrückte Leistungsmenge ZE. Der Auftragsfortschritt wird mithin durch eine stetige, monoton steigende Funktion dargestellt. Die erste Ableitung dieser Funktion ist der dynamische Zeitgrad über ZI. Das Diagramm erhält den Namen *Zeitfortschrittsdiagramm*[1] (Bild 6-9).

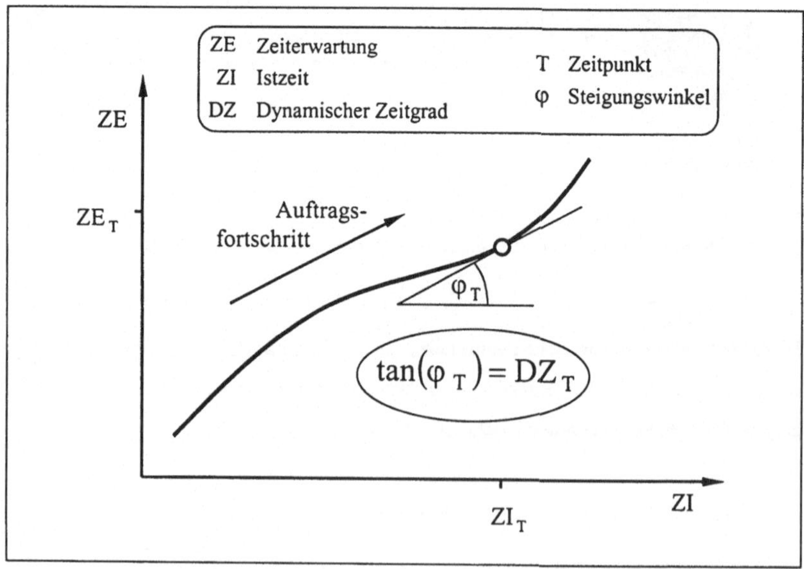

Bild 6-9: Zeitfortschrittsdiagramm

[1] Der Begriff *Zeitfortschritt* im Sinne dieser Definition ist abzugrenzen von der *Fortschrittszeit*, die den Zeitraum zwischen dem Beginn einer Zeitaufnahme und dem Endereignis eines Ablaufabschnittes angibt (vgl. REFA 1997, S. 86).

Da im Rahmen dieser Arbeit je ein Wert für ZI und ZE pro Arbeitstag ermittelt wird, liegen keine Informationen über den exakten Verlauf des Auftragsfortschrittsgraphen zwischen Beginn und Ende des Arbeitstages vor, was hier auch nicht das Ziel ist. Näherungsweise wird ein linearer Verlauf des Graphen während eines Tages angenommen, so daß sich insgesamt ein Polygonzug mit einem Eckpunkt je Tag ergibt. Zu unterscheiden ist somit zwischen einem kontinuierlichen und einem diskreten Auftragsfortschrittsgraphen (Bild 6-10). Alle weiteren Betrachtungen beziehen sich auf den diskreten Auftragsfortschrittsgraphen[1].

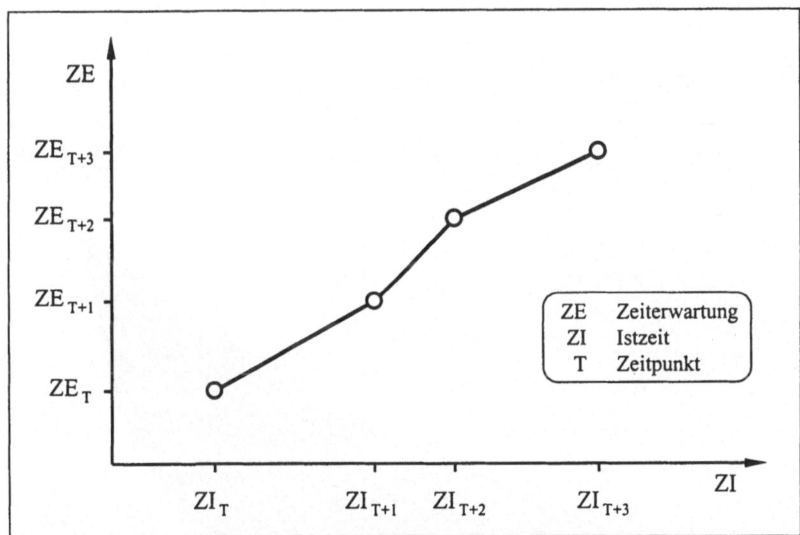

Bild 6-10: Diskreter Auftragsfortschrittsgraph

Das Auftragsfortschrittsdiagramm weist Parallelen zum Fortschrittszahlendiagramm[2] und zum Durchlaufdiagramm[3] auf, grenzt sich aber durch folgende konzeptionelle Unterschiede ab: Auf der Abszisse wird die Zeit nicht als kontinuierlich verstreichende Größe aufgetragen, sondern als Istzeit und damit als unmittelbares Maß für den Personaleinsatz. Dies führt dazu, daß die Stützstellen auf der Abszisse nicht äquidistant sind.

[1] Das Attribut „diskret" wird der Einfachheit halber in den nachfolgenden Betrachtungen nicht mehr mitgeführt.

[2] Zum Fortschrittszahlenprinzip vgl. Abschnitt 4.2.2.

[3] Vgl. die Ausführungen zum Trichtermodell in Abschnitt 4.2.2.

Auf der Ordinate wird, wie im Durchlaufdiagramm, der Arbeitsinhalt dargestellt. Das Fortschrittszahlenprinzip sieht hier die Ausweisung von Produktionsmengen vor, was nur bei einer Serienproduktion sinnvoll ist.

Die Achsen des Zeitfortschrittsdiagramms können in andere Größen transformiert werden, um sie damit für die Abstimmungsfunktion nutzbar zu machen: Zwischen der Istzeit ZI und der kontinuierlich verstreichenden Realzeit ZR gilt der im Bild 6-11 dargestellte Zusammenhang. Zwischen zwei Zeitpunkten auf der Istzeit-Skala verstreicht die Realzeit

$$ZR = \int_{ZI_1}^{ZI_2} \frac{1}{KAP(ZI)} \, dZI$$

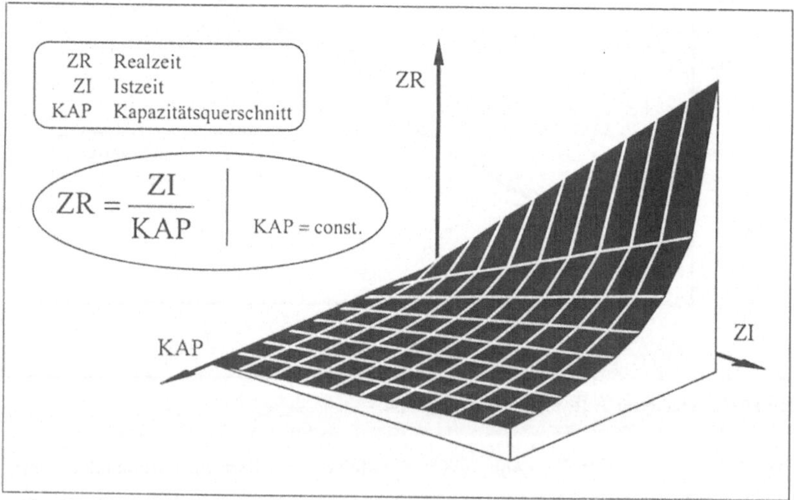

Bild 6-11: Zusammenhang zwischen Istzeit und Realzeit

Der Zusammenhang zwischen ZE, ZEI und M läßt sich grafisch in einer Bild 6-11 entsprechenden Weise fassen. Für einen Wert ZE kann rechnerisch bestimmt werden, welcher Auftrag j zu diesem Zeitpunkt bearbeitet wird:

$$j = \begin{cases} 1 & \text{für} \quad ZE - ZAT_1 \leq 0 \\ \min(i) \left| \, ZE - ZAT_1 - \sum_{n=2}^{i} ZA_n < 0 \right. & \text{für} \quad ZE - ZAT_1 > 0 \end{cases}$$

Für die fertiggestellte Stückzahl $\widetilde{M}_j$ des Auftrages j gilt dann

$$\widetilde{M}_j = \begin{cases} 0 & \text{für} \quad ZE \leq ZRS_j + ZAT_1 + \sum_{i=2}^{j-1} ZA_i \\ \dfrac{ZE - ZRS_j - ZAT_1 - \sum_{i=2}^{j-1} ZA_i}{ZEI_j} & \text{für} \quad ZE > ZRS_j + ZAT_1 + \sum_{i=2}^{j-1} ZA_i \end{cases}$$

Damit können die Achsen des Zeitfortschrittsdiagramms jeweils um eine Skala ergänzt werden, aus der die Realzeit und die Fertigungsmenge hervorgehen (Bild 6-12). Zu beachten ist hierbei, daß die Skala der Realzeit bei der praktischen Anwendung keine gleichmäßige Einteilung aufweist, sondern vom variablen Kapazitätsquerschnitt abhängig ist.

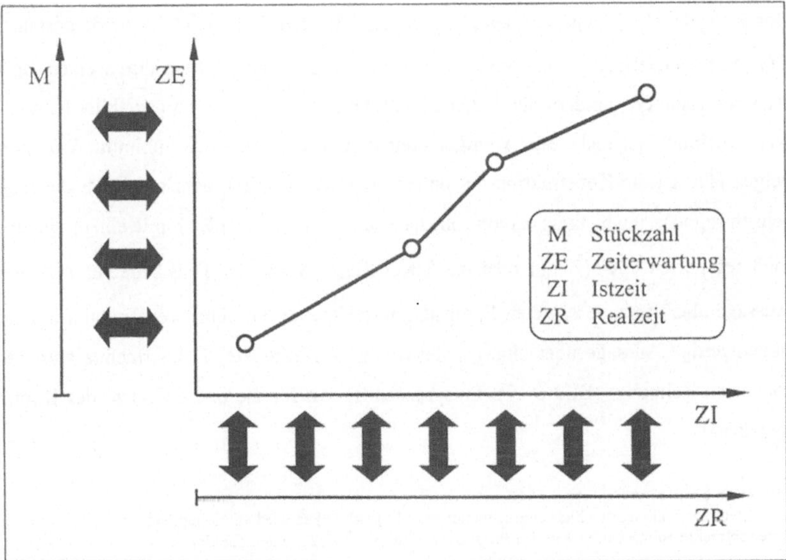

Bild 6-12: Realzeit und Produktionsmenge im Zeitfortschrittsdiagramm

6.6.2 Prognosen im Zeitfortschrittsdiagramm

Nachdem die grundlegende Handhabung des Zeitfortschrittsdiagramms beschrieben worden ist, wird dessen Anwendungsfeld auf in der Zukunft liegende Ereignisse erweitert. Zunächst wird hierbei die Einschrittprognose betrachtet: Ausgehend vom Punkt (ZI_T, ZE_T) ist hierzu das Zahlentupel $(\bar{\bar{ZI}}_{T,1}, \bar{\bar{ZE}}_{T,1})$ zu schätzen. $\bar{\bar{ZI}}_{T,1}$ kann aus der Zeitreihe (ZI_t) prognostiziert werden, indem die im Abschnitt 6.4 dargestellten Werkzeuge zur Anwendung kommen[1]. $\bar{\bar{ZE}}_{T,1}$ errechnet sich anschließend nach der Beziehung

$$\bar{\bar{ZE}}_{T,1} = ZE_T + (\bar{\bar{ZI}}_{T,1} - ZI_T) \cdot \bar{\bar{DZ}}_{T,1}$$

Die Kenntnis von $UKG(\bar{\bar{DZ}}_{T,1})$ und $OKG(\bar{\bar{DZ}}_{T,1})$ erlaubt es, für $\bar{\bar{ZE}}_{T,1}$ ein Prognoseintervall anzugeben:

$$OKG(\bar{\bar{ZE}}_{T,1}) = ZE_T + (\bar{\bar{ZI}}_{T,1} - ZI_T) \cdot OKG(\bar{\bar{DZ}}_{T,1})$$

$$UKG(\bar{\bar{ZE}}_{T,1}) = ZE_T + (\bar{\bar{ZI}}_{T,1} - ZI_T) \cdot UKG(\bar{\bar{DZ}}_{T,1})$$

Das Konfidenzfeld zwischen den Zeitpunkten ZI_T und $\bar{\bar{ZI}}_{T,1}$ wird linear dargestellt[2]. Der prognostizierte Auftragsfortschritt wird somit nicht mehr allein durch einen Graphen repräsentiert, sondern durch einen Konfidenzkanal, der je nach gewählter Irrtumswahrscheinlichkeit mehr oder weniger breit ist und kontinuierlich zunimmt. Wie sich zeigen läßt, ist die Konstruktion der unteren Grenze des Konfidenzkanals für die Einschrittprognose unabhängig davon, ob man den Punkt (ZI_T, ZE_T) mit einem sinngemäß definierten $OKG(\bar{\bar{ZI}}_{T,1})$ oder mit $UKG(\bar{\bar{ZE}}_{T,1})$ verbindet. Dies bedeutet, daß eine Aussage über einen verspäteten Fertigstellungszeitpunkt überführt werden kann in eine gleichwertige Aussage über eine (in Zeitwerten ausgedrückte) Mindermenge zum betrachteten Zeitpunkt (Bild 6-13). Entsprechendes gilt für die obere Grenze des Konfidenzkanals.

---

[1] Auf eine Darstellung des hierbei anzuwendenden Formelwerkes wird verzichtet, weil dieses sich nur in der betrachteten Variablen von den Prognoseverfahren für (DZ_t) unterscheidet.

[2] Der exakte Verlauf bei einem kontinuierlichen Prozeß folgt einer Wurzel-Funktion. Da ohnehin systematische Abweichungen (z. B. infolge von Rüstvorgängen) auftreten, wird auf eine exakte Darstellung der Konfidenzgrenzen verzichtet.

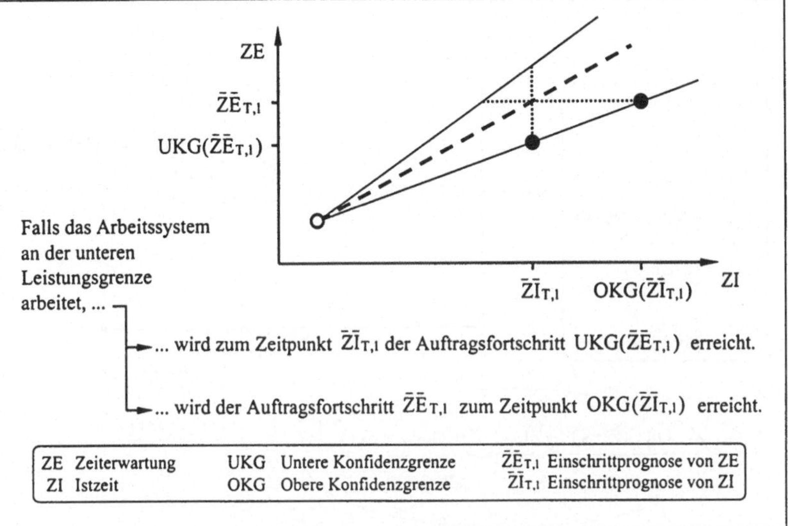

Bild 6-13: Äquivalenz von Prognosen zu Auftragsfortschritt und Termin

Für die Mehrschrittprognose ist die strenge Äquivalenz der Aussagen über Arbeitsfortschritt und Fertigstellungstermin nicht mehr gegeben. Bild 6-14 zeigt dies am Beispiel einer Terminaussage für den Arbeitsfortschritt $\bar{ZE}_{T,h}$. Die relative Abweichung entspricht dem Verhältnis der dynamischen Zeitgrade und verschwindet somit, wenn die dynamischen Zeitgrade für die betrachteten Prognosehorizonte übereinstimmen. Weil dieser systematische Fehler nur im Übergangsbereich zwischen zwei Prognosehorizonten auftritt und die absolute Abweichung klein gegenüber den Werten $\bar{ZI}_{T,h}$ ist, wird selbige im folgenden nicht mehr betrachtet.

Bei der Berechnung der Konfidenzgrenzen für die Mehrschrittprognose im Zeitfortschrittsdiagramm ist zu beachten, daß ZE und ZI kumulativ aufgetragen werden und für deren Gesamtvarianz die Gleichung von Bienaymé gilt[1]:

$$\mathrm{Var}\left(\sum_{i=1}^{n} ZE_i\right) = \sum_{i=1}^{n} \mathrm{Var}\ ZE_i + 2 \cdot \sum_{i<j} \mathrm{Cov}\left(ZE_i, ZE_j\right)$$

[1] Hierbei bezeichnet Cov die Kovarianzfunktion.

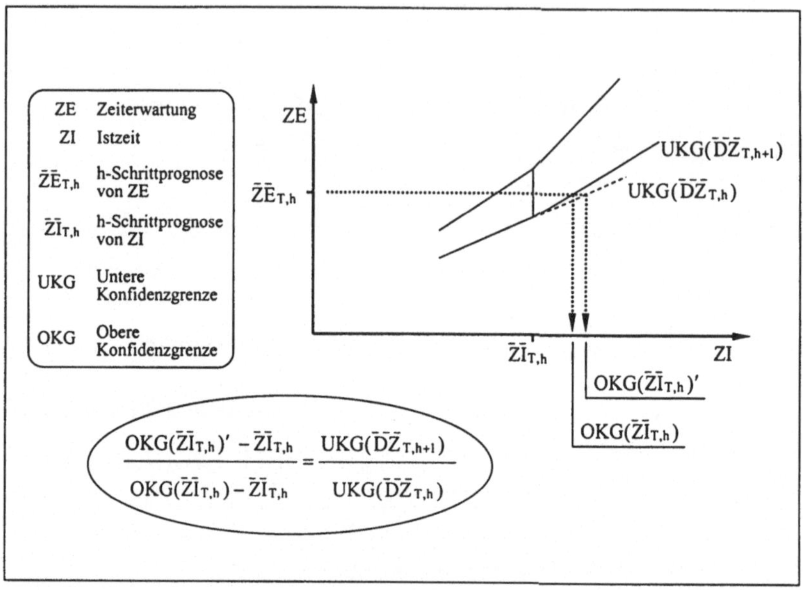

Bild 6-14: Sprung der Konfidenzgrenze bei der Mehrschrittprognose

Mit den vorstehenden Ausführungen sind die Voraussetzungen geschaffen, um die Abstimmungsfunktion im Sinne des Abschnittes 3.2.1 ausüben zu können. Im folgenden wird ein hierauf zugeschnittenes Vorgehensmodell vorgestellt, dessen zentraler Bestandteil das Zeitfortschrittsdiagramm ist.

6.7 Vorgehensmodell zur Anwendung des Zeitfortschrittsdiagramms

Das Vorgehensmodell basiert auf sechs Teilfunktionen, die gemäß Bild 6-15 zu durchlaufen sind und in ihrer Gesamtheit die Kapazitätsabstimmungsfunktion bilden. Unter Bezugnahme auf Bild 3-1 werden in dieser Darstellung die auszuwertenden Daten angegeben. Zusätzlich ist die Art der Bearbeitung der jeweiligen Teilfunktion aufgeführt. Gegenstand der nachfolgenden Abschnitte ist die Diskussion der einzelnen Teilfunktionen.

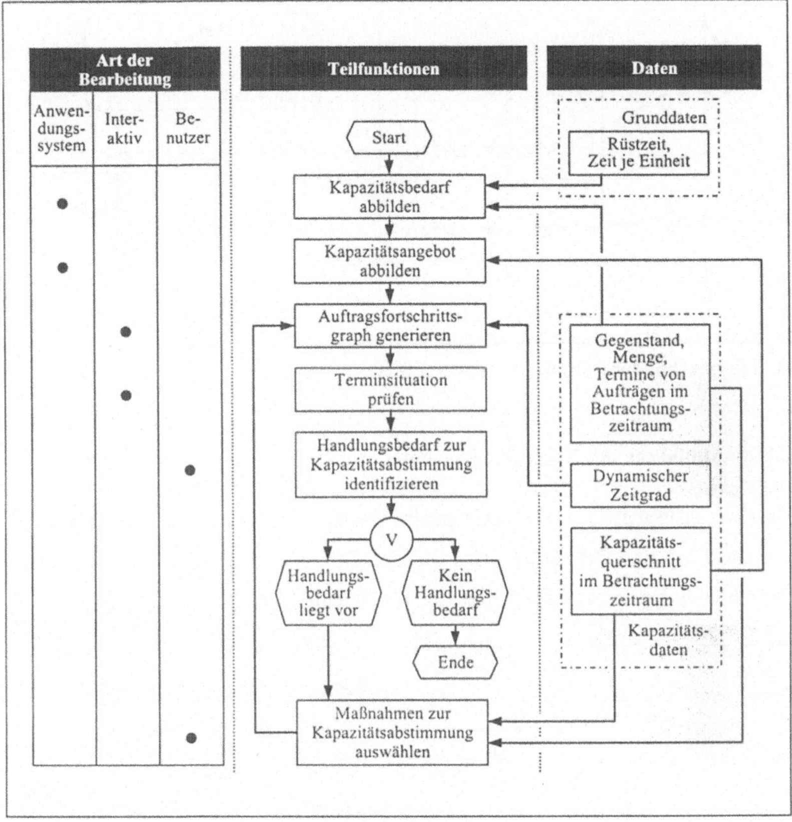

Bild 6-15: Vorgangskette der Kapazitätsabstimmung

6.7.1 Abbildung des Kapazitätsbedarfes

Der Kapazitätsbedarf im Betrachtungszeitraum ergibt sich, wie im Abschnitt 6.1.3 beschrieben, aus den sequentiell zu bearbeitenden Aufträgen und deren Grunddaten; die Maßgröße für den Kapazitätsbedarf ist ZE. Jedem Auftrag ist ein Termin für das Auftragsende zugeordnet. Diese Angaben können, wie in Bild 6-16 dargestellt, im Zeitfortschrittsdiagramm abgebildet werden.

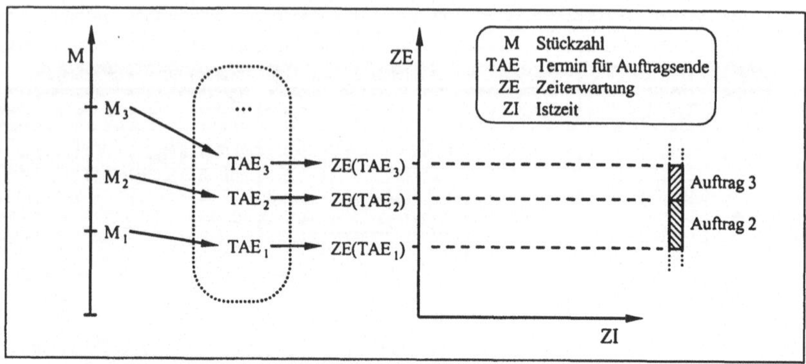

Bild 6-16: Abbildung des Kapazitätsbedarfes

6.7.2 Abbildung des Kapazitätsangebotes

Das Kapazitätsangebot basiert auf dem Personaleinsatzplan für den Betrachtungszeitraum und hat zunächst vorläufigen Charakter. Bild 6-17 zeigt, wie aus Chronometrie und Chronologie der Arbeitszeiten die Achseneinteilung von ZI abgeleitet wird[1].

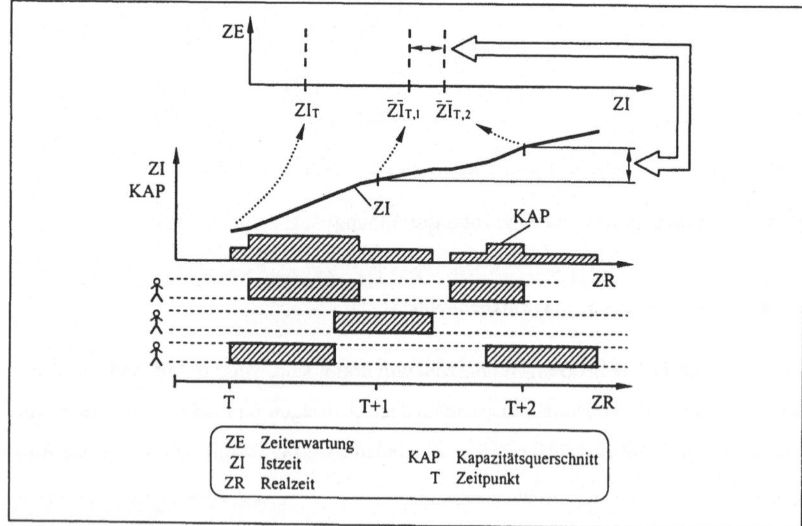

Bild 6-17: Abbildung des Kapazitätsangebotes

[1] Vgl. hierzu auch Abschnitt 6.1.2.

6.7.3 Generierung des Auftragsfortschrittsgraphen

Im nächsten Schritt entsteht der Auftragsfortschrittsgraph. Hierzu ist eine Prognose von Werten für DZ und ZI vorzunehmen, die nach einem der vorgestellten Prognoseverfahren erfolgen kann. Dies ist ein algorithmierbarer Vorgang, der automatisiert werden kann[1]. Im Ergebnis steht der in Bild 6-18 dargestellte Konfidenzkanal des zu erwartenden Auftragsfortschritts zur Verfügung.

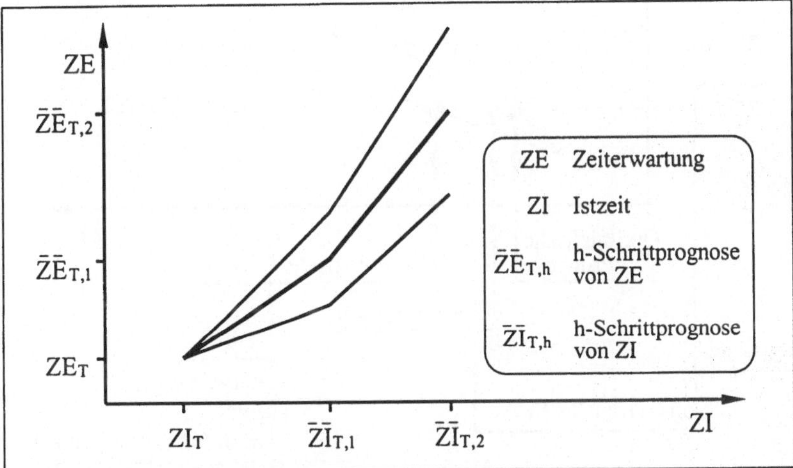

Bild 6-18: Generierung des Auftragsfortschrittsgraphen

6.7.4 Prüfung der Terminsituation

Unter Zuhilfenahme des auf der Ordinate dargestellten Kapazitätsbedarfes kann nun unmittelbar eine Einschätzung bzgl. der zu erwartenden Fertigstellungstermine vorgenommen werden. Hierzu wird jeweils der Schnittpunkt mit dem Konfidenzkanal des Zeitfortschrittsgraphen gebildet und der Wert auf der ZI- bzw. – nach entsprechender Transformation – ZR-Achse abgelesen. Dieser grafisch anschauliche Vorgang kann, insbesondere im Hinblick auf die Transformationen, automatisiert werden, so daß der Anwender von eigenständig auszuführenden Berechnungen entlastet ist.

[1] Bei Anwendung eines erklärenden Zeitreihenmodells muß jedoch einmalig die Modellidentifikation durchgeführt werden. Hierzu ist ein Bedienereingriff erforderlich (vgl. Abschnitt 6.3.2).

Wie im Bild 6-19 dargestellt, liefert das Verfahren – auf der Basis des aktuellen Systemzustandes – zu jedem Soll-Termin eine optimistische und pessimistische Prognose[1] für den Fertigstellungstermin sowie den Erwartungswert.

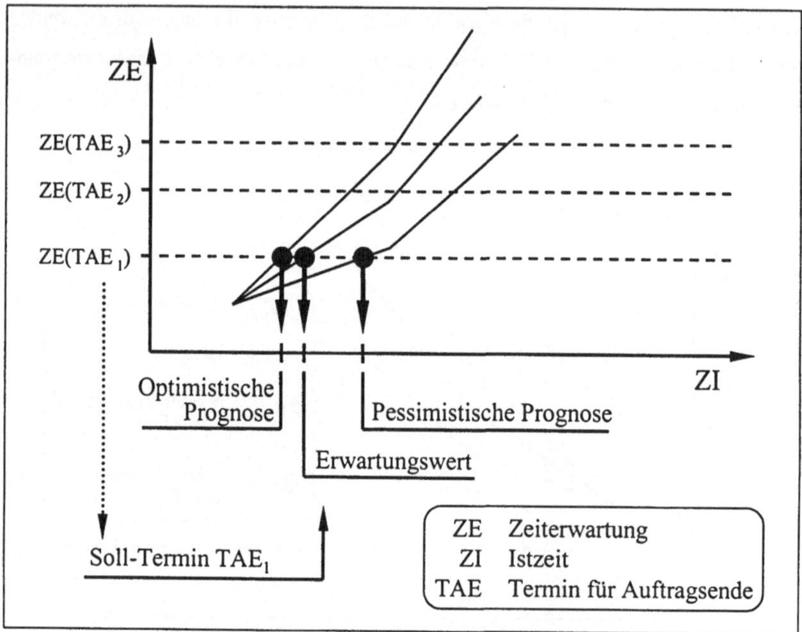

Bild 6-19: Ermittlung von Prognosen für Fertigstellungszeitpunkte

6.7.5 Identifikation des Handlungsbedarfes zur Kapazitätsabstimmung

Die Interpretation der Aussagen zur Terminsituation zielt auf die Frage, ob hieraus ein Handlungsbedarf erwächst. Eine allgemeine Regel läßt sich hierzu nicht angeben, denn die Antwort ist abhängig von den jeweiligen Umständen des Auftragserfüllungsprozesses. So wird ein TAE-Zeitpunkt, der nahe bei der pessimistischen Prognose liegt, in der Regel als unkritisch angesehen werden. Falls dieser Termin von essentieller Bedeutung ist, können u. U. strengere Maßstäbe angelegt werden, z. B. indem die Irrtumswahrscheinlichkeit kleiner eingestellt wird, womit sich für die pessimistische Prognose ein späterer Zeitpunkt ergibt. Umgekehrt wird ein Auftrag, für den bei der Nachfolgeopera-

[1] Wesentlicher Parameter dieser Prognose ist die vom Benutzer gewählte statistische Sicherheit.

tion erkennbar Zeitreserven vorhanden sind, auch bei einem TAE-Zeitpunkt nahe bei der optimistischen Prognose nicht unbedingt als kritisch angesehen werden.

Die Entscheidung hinsichtlich des Handlungsbedarfes, veranschaulicht im Bild 6-20, stützt sich somit letztlich auf das Urteilsvermögen des Anwenders. Dies steht im Einklang mit den im Kapitel 2 formulierten Anforderungen und der Zielsetzung der Arbeit.

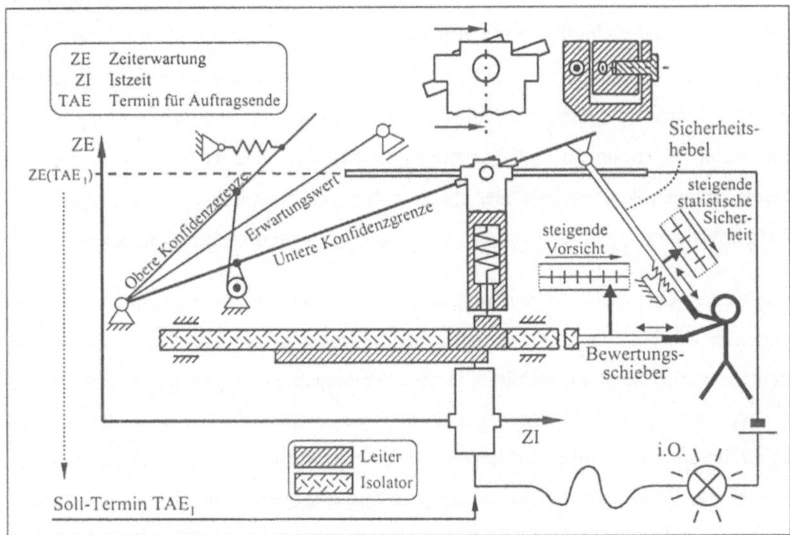

Bild 6-20: Veranschaulichung der Interpretation des Zeitfortschrittsdiagramms

6.7.6 Auswahl von Maßnahmen zur Kapazitätsabstimmung

Sofern ein Handlungsbedarf identifizert wurde, ist in diesem Schritt eine Auswahl aus den zur Verfügung stehenden Optionen zu treffen[1]:

- Belastungsabgleich,
- Leistungsdauer,
- Kapazitätsquerschnitt,
- Intensität.

[1] Vgl. Abschnitt 2.4.

Der Belastungsabgleich im Sinne einer Endterminveränderung, Reihenfolgeveränderung oder Losteilung wird nur dann in Betracht kommen, wenn dessen Auswirkungen erkennbar nur das Innenverhältnis des Unternehmens betreffen und eine entsprechende Verständigung mit der für den nachfolgenden Prozeßschritt verantwortlichen Stelle erfolgt ist.

Durch Veränderungen der geplanten Mitarbeiteranwesenheit werden Leistungsdauer und Kapazitätsquerschnitt variiert, verbunden mit sofort sichtbaren Auswirkungen auf die Einteilung der Abszisse des Zeitfortschrittsdiagramms und damit auf die Terminbeurteilung. Auch der Einsatz zusätzlicher Mitarbeiter aus anderen Arbeitsgruppen kann hier in Betracht kommen; im Gegenzug ist bei Unterlast eine Abgabe von Personal an andere Gruppen denkbar. In dieser Hinsicht fügt sich die arbeitsgruppenbezogene Kapazitätsabstimmung in das operative Personalmanagement des Unternehmens ein.

Eine weitere Option liegt in der Anpassung der Intensität. In der Nomenklatur der vorliegenden Arbeit ist damit der dynamische Zeitgrad angesprochen. Da dieser eine aggregierte Größe darstellt, welche alle ablaufbedingten Störungen des Arbeitssystems enthält, wird die Intensität zu einem Dispositionsobjekt: Falls innerhalb des Betrachtungszeitraumes eine hohe Verfügbarkeit des Arbeitssystems erwartet werden kann, ist es zulässig, für den dynamischen Zeitgrad eine korrigierte Prognose zu verwenden. Umgekehrt sollte auch eine überdurchschnittliche Störneigung zu einer Korrektur, d. h. Verringerung der Prognose von DZ führen.

Die Auswahl aus den dargestellten Optionen erfolgt iterativ und basiert auf sachlichen wie auch persönlichen Erwägungen sowie der methodisch unterstützten Sensitivitätsanalyse hinsichtlich der zu erwartenden Fertigstellungszeitpunkte einzelner Aufträge. An dieser Stelle wird ein möglicher Zielkonflikt zwischen den Interessen des Unternehmens und den Mitarbeiterinteressen gelöst: Für das Unternehmen hat die termingerechte Auftragserfüllung Priorität, für die Mitarbeiter können Wünsche hinsichtlich der Arbeitszeit schwerer wiegen.

Auch im Verlauf eines Arbeitstages liefert das Verfahren essentielle Informationen zur Beherrschung von Abweichungen in der Auftragsbearbeitung: Treten bspw. technische

Störungen auf oder fällt Personal kurzfristig aus, können sofort die Auswirkungen auf die Terminsituation festgestellt und ggf. geeignete Maßnahmen ergriffen werden.

Bild 6-21 zeigt zusammenfassend die Einbindung der Personaleinsatzsteuerung in den betrieblichen Informations-, Personal- und Materialfluß. In Bild 6-22 ist dargestellt, wie die Einflußgrößen bei der Entscheidungsfindung mit den Aktionsfeldern in Verbindung stehen.

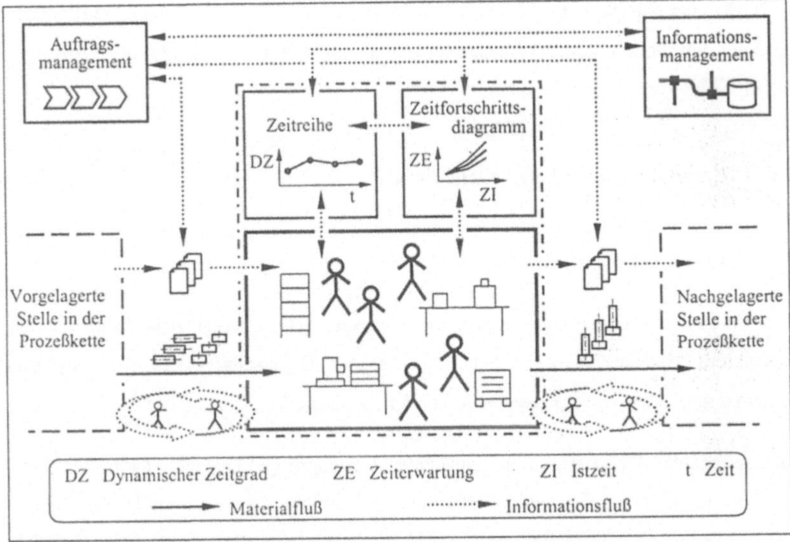

Bild 6-21: Einbindung des Verfahrens in den betrieblichen Ablauf

	Persönliche Wünsche der Mitarbeiter	Status des Arbeitssystems	Andere Arbeitsgruppen	Nachfolgende Stelle
Leistungsdauer	●			
Intensität		●		
Kapazitätsquerschnitt	●		●	
Belastungsabgleich				●

Bild 6-22: Einflußgrößen bei der Entscheidungsfindung zur Kapazitätsabstimmung

7 Anwendung des Verfahrens

Die Anwendung des in Kapitel 6 beschriebenen Verfahrens ist einerseits an dessen Umsetzung in die betriebliche Praxis und andererseits an dessen prinzipielle Eignung zur – im Vergleich zum Stand der Technik – besseren Bewältigung der Abstimmungsaufgabe gebunden. Beide Teilaspekte sind Gegenstand dieses Kapitels.

Zunächst ist die Frage zu erörtern, in welchen Fällen und auf welchem Wege eine Umsetzung in die betriebliche Praxis erfolgen kann. Im weiteren werden dann die Ergebnisse einer Simulationsstudie vorgestellt, welche qualitative und quantitative Aussagen zum Einsatzpotential zulassen.

7.1 Umsetzung in die betriebliche Praxis

7.1.1 Voraussetzungen

Die Voraussetzungen für einen sinnvollen Einsatz des in dieser Arbeit entwickelten Verfahrens lassen sich in drei Kategorien einordnen: Eigenschaften des Arbeitssystems, Charakteristika der Arbeitsaufgabe und datentechnische Merkmale (Bild 7-1).

Das betrachtete Arbeitssystem muß aus einer Arbeitsgruppe[1] bestehen, da die Modellierung der Kapazitätsgrößen auf Kollektivaussagen aufbaut. Des weiteren ist eine weitgehende Homogenität der Arbeitsgruppe zu fordern, weil qualifikatorische Rahmenbedingungen ausgeblendet werden[2].

Das Konzept der Selbststeuerung[1] bietet in Verbindung mit einem flexiblen Arbeitszeitmodell die Gewähr für ein hohes Anpassungsvermögen des Arbeitssystems. Gleichwohl können die formalen Verfahrensbestandteile, insbesondere die Darstellung der Kapazitätsgrößen im Zeitfortschrittsdiagramm, auch in einem fremdorganisierten Ansatz nutzbringend angewandt werden. In diesem Fall ermöglicht die transparente Dar-

---

[1] Vgl. Abschnitt 2.1.

[2] Vgl. Abschnitt 2.1. Dies schließt nicht aus, daß de facto unterschiedliche Qualifikationen vorhanden sind und ein Teil der Arbeitsaufgaben nicht von allen Gruppenmitgliedern wahrgenommenen werden kann. Entscheidend ist, daß die Qualifikation kein Kriterium der Kapazitätsabstimmung ist.

stellung der Einflußgrößen eine bessere Wahrnehmung der Führungsaufgabe Kapazitätsabstimmung.

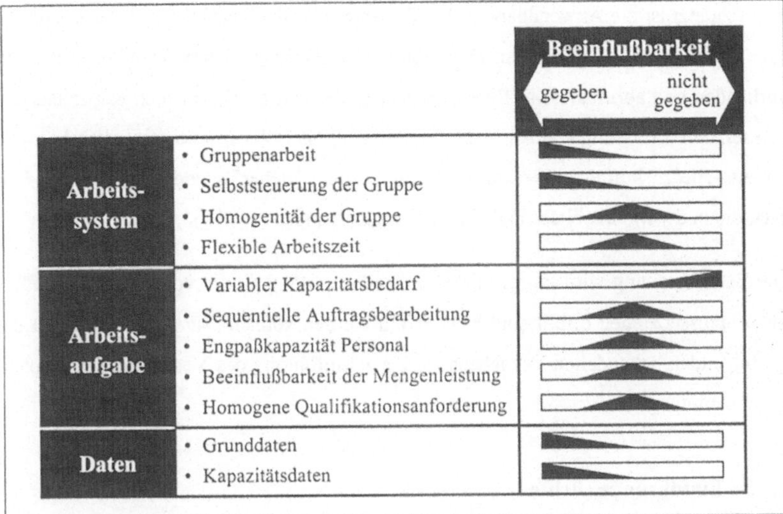

Bild 7-1: Voraussetzungen für den Einsatz des Verfahrens

Alle das Arbeitssystem betreffenden Voraussetzungen sind in hohem Maße seitens des Unternehmens gestaltbar. Nicht immer jedoch werden die Verantwortlichen sich hierzu entschließen. Dies gilt insbesondere für die Fälle, in denen eine solche Arbeitssystemgestalt nicht auf die Arbeitsaufgabe abgestimmt ist.

Diese Arbeitsaufgabe ist in einem marktnah agierenden Unternehmen[1] durch externe Einflüsse geprägt. Im besonderen trifft dies auf den Kapazitätsbedarf zu, von dem angenommen wird, daß er kurzfristigen, nur sehr unvollkommen vorhersehbaren Schwankungen unterliegt.

Die Aufeinanderfolge der Aufträge muß ein sequentielles Ordnungsmuster[2] aufweisen, damit eindeutige zeitbezogene Kapazitätsaussagen möglich sind. Der Kapazitätsengpaß

[1] Vgl. Kapitel 1.

[2] Vgl. Abschnitt 2.3.

der Arbeitsaufgabe sollte auf von Menschen ausgeführten Tätigkeiten liegen, damit eine Beeinflußbarkeit dieser Kapazität und der Mengenleistung überhaupt gegeben sind.

Nicht zuletzt ist die Anwendbarkeit des Verfahrens an die Verfügbarkeit der erforderlichen Datengrundlage gebunden: Die Grunddaten der ausgeführten Tätigkeiten müssen vorhanden und abrufbar sein. Eine Darstellung von zeitraumbezogenen Kapazitätsgrößen setzt die Erfassung von Anwesenheitszeiten und der Menge fertiggestellter Aufträge voraus. Hierzu kommen Personalzeit- und Betriebsdatenerfassungssysteme zum Einsatz, die in der Mehrzahl der Fälle bereits vorhanden sind[1].

Die Betriebsleitung wird im jeweiligen Einzelfall prüfen, ob die vorstehend aufgeführten Voraussetzungen erfüllt sind bzw. erfüllt werden können. Sie sind Bestandteil der im folgenden behandelten Vorgehensweise zur Einführung des Verfahrens zur Kapazitätsabstimmung.

7.1.2 Einführungsschritte

Ausgangspunkt einer möglichen Einführung ist das Zielsystem des Unternehmens. Hieraus gehen die Positionierung am Markt und das logistische Konzept der Wertschöpfungskette hervor. Damit sind die nicht beeinflußbaren Voraussetzungen der Einsetzbarkeit angesprochen. Auf dieser Basis ist eine Vorentscheidung darüber möglich, ob ein Projekt zur Einführung des neuen Abstimmungsverfahrens gestartet werden soll.

Dabei ist zunächst eine konzeptionelle Gesamtlösung zur Kapazitätsabstimmung in allen Teilbereichen der Wertschöpfungskette zu erarbeiten. Das dazu begründete interdiszipinäre Projektteam wird hierzu nicht nur die Teilprozesse, sondern auch deren Zusammenwirken betrachten. Bei positiver Beurteilung wird das Konzept detailliert und ein Stufenplan zur Einführung erstellt. Es empfiehlt sich, die Umsetzung in einem Pilotbereich zu beginnen, um Erfahrungen sammeln und ggf. auftretende Probleme lösen zu können.

---

[1] Vgl. Abschnitt 3.3.2.

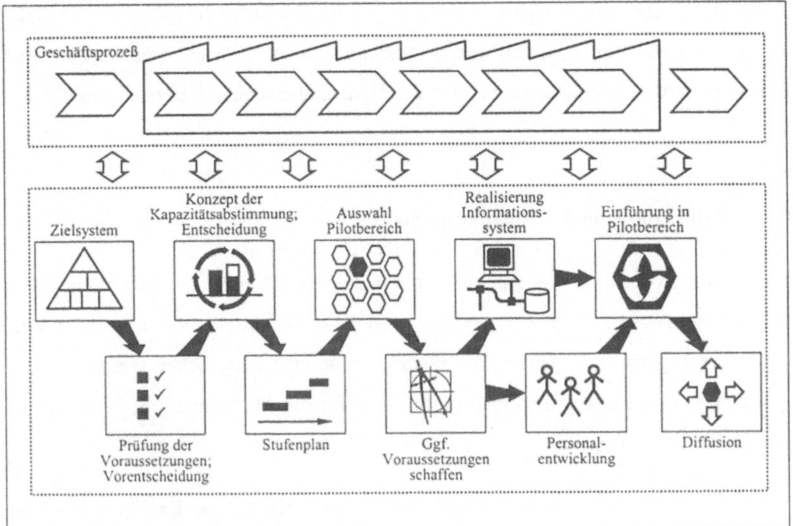

Bild 7-2: Schritte zur Einführung des Verfahrens

Falls erforderlich, werden im Pilotbereich die im Abschnitt 7.1.1 genannten Voraussetzungen hinsichtlich des Arbeitssystems, der Arbeitsaufgabe und des Datenkonzeptes geschaffen. Dabei bewährt sich, daß im Projektteam die späteren Anwender des Systems vertreten sind, welche das Anwendungswissen in die Projektarbeit hineintragen. Nicht zu unterschätzen ist auch der Umstand, daß eine frühzeitige Einbindung sich sehr vorteilhaft auf die Akzeptanz der neuen Lösung auswirkt. Die Transparenz der Lösung sowie der Schritte zu ihrer Realisierung ist diesbezüglich höher zu bewerten als die Einbeziehung umfangreicher Leistungsmerkmale, beispielsweise zur Urlaubsplanung der Mitarbeiter.

Der nächste Schritt besteht aus der Realisierung eines Informationssystems, welches nach der im Kapitel 6 beschriebenen Logik arbeitet und den Anwendern die zur Ausübung der Abstimmungsfunktion erforderlichen Informationen liefert. Dabei wird in der Regel eine Verbindung zu vorhandenen Komponenten des betrieblichen Informationssystems zu realisieren sein. Parallel hierzu können Maßnahmen zur Personalentwicklung anlaufen, um so die Voraussetzungen für die Einführung im Pilotbereich zu schaffen.

Es ist ratsam, zunächst eingehende Erfahrungen im betrieblichen Alltag zu sammeln, um das Verhalten unter verschiedenen Randbedingungen beurteilen zu können. Erst dann kann darüber nachgedacht werden, das Verfahren auf andere Bereiche zu übertragen.

7.1.3 Handhabung in der Nutzungsphase

Nach Abschluß der Einführungsphase ist die Aufgabe der Kapazitätsabstimmung in den Arbeitsgruppen auf eine neue Grundlage gestellt. In dezentraler Verantwortung kann den Erfordernissen einer marktnahen Produktion optimal entsprochen werden, da den Mitarbeitern eine bessere Informationsgrundlage für die Abstimmung der Personalressourcen zur Verfügung steht.

Parameter wie die gewählte statistische Sicherheit werden auf der Basis von Praxiserfahrungen eingestellt und fortgeschrieben. Ähnlich verhält es sich mit der Interpretation der Konfidenzgrenzen im Zeitfortschrittsdiagramm.

Die zunehmende Routine im Einsatz des Verfahrens kann dazu genutzt werden, Lernpotentiale zu erschließen. Beispielsweise ist es möglich, den Austausch von Personal zwischen den Gruppen zu intensivieren, um so das Flexibilisierungspotential zu erhöhen. Des weiteren können organisatorische und technische Abläufe optimiert werden, um potentielle Kapazitätsengpässe abzubauen. Dieses Wissen ist insbesondere bei der Einführung neuer Produkte nutzbringend anwendbar. Im Laufe der Zeit entwickeln die Arbeitsgruppen spezifische Konzepte zur Bewältigung schwankender Kapazitätsanforderungen. Um einen innerbetrieblichen Erfahrungsaustausch zu fördern, können gruppenübergreifende Workshops durchgeführt werden; auch eine Personalrotation ist diesem Zwecke dienlich.

Trotz des hohen Adaptionsvermögen des Verfahrens sollte die Pflege der Datenbasis nicht vernachlässigt werden, um auch dauerhaft präzise Kapazitätsaussagen zu ermöglichen. Die Zeitreihenanalyse des dynamischen Zeitgrades ist ein effektiver Ansatzpunkt zur permanenten Überprüfung der Datengüte.

7.2 Simulationsstudie zu den Merkmalen des Verfahrens

In diesem Abschnitt wird untersucht, wie das vorgestellte Verfahren zur Kapazitätsabstimmung in der Praxis angewandt werden kann. Um eine hohe Realitätsnähe zu gewährleisten, erfolgt diese Untersuchung anhand von Praxisdaten. Dabei sollen insbesondere die Auswirkungen einer Variation von Parametern identifiziert werden. Es bietet sich daher an, mittels einer Simulationsstudie systematisch die Zusammenhänge zwischen Ein- und Ausgangsgrößen des Verfahrens herauszuarbeiten.

Die hierbei gewählte Vorgehensweise ist im Bild 7-3 dargestellt. Nach der Auswahl von Testdaten und deren Aufbereitung erfolgt zunächst eine Untersuchung der Leistungsfähigkeit von Prognoseverfahren für Zeitreihen, speziell solcher des dynamischen Zeitgrades. Mit dem hierbei zu identifizierenden geeigneten Verfahren ist es möglich, Algorithmen sowie Handlungsmodelle und damit den Kern des Verfahrens zur Kapazitätsabstimmung in Arbeitsgruppen zu beurteilen. Hierzu sind zuvor praxisnahe Handlungsmodelle der Abstimmungsfunktion zu formulieren. Abschließend ist es dann möglich, eine Bewertung des Verfahrens hinsichtlich der einzelnen Komponenten sowie deren Zusammenwirken abzugeben.

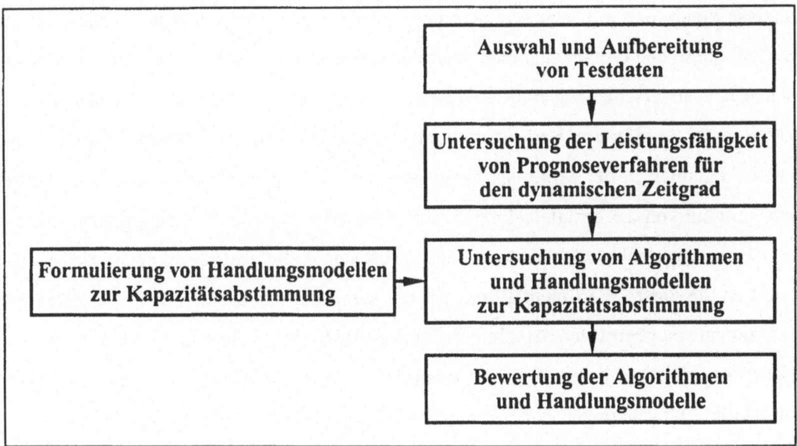

Bild 7-3: Vorgehensweise der Untersuchung

7.2.1 Auswahl und Aufbereitung von Testdaten

Die nachfolgenden Untersuchungen stützen sich auf Daten, die in einem mittelständischen Unternehmen erhoben wurden. In diesem Unternehmen werden Oberflächen von Gebrauchsgütern veredelt. Die betrachtete Arbeitsgruppe bereitet diese Güter für den Versand vor, wobei der Tätigkeitsschwerpunkt auf dem Anbringen von Transportsicherungen liegt. Die Bearbeitung von Aufträgen erfolgt in der Produktionsreihenfolge, und es liegt eine sequentielle Auftragsstruktur vor. Die Mitarbeiter erhalten ein zeitbezogenes Entgelt, das keinen unmittelbaren Bezug zum Arbeitsergebnis hat.

Für jeden Arbeitstag wurden im Erhebungszeitraum, der sich über 37 Monate erstreckte, die Stückzahlen der Produktvarianten sowie die Istzeiten, d. h. die Anwesenheitszeiten der Mitarbeiter erfaßt. Für die ausgeführten Tätigkeiten existieren Zeitvorgaben, die zweimal leicht verändert wurden. Bei der Auswertung wurden diese Veränderungen nicht berücksichtigt, um Sprünge und damit systematische Abweichungen in den Auswertungen zu vermeiden[1].

Die Daten des dynamischen Zeitgrades sind in Bild 7-4 dargestellt. Auffällig ist ein deutlicher Rückgang gegen Ende des Untersuchungszeitraumes. Eine nähere Ursachenanalyse ergab, daß dort eine Veränderung in der Zusammensetzung von Teilefamilien auftrat, die in den Grunddaten nicht nachvollzogen wurde und damit zu einer systematischen Niveauverschiebung führte. Diese für die Praxis nicht untypische Situation kann damit in der Auswertung Berücksichtigung finden. Des weiteren fällt ein überproportionaler Ausschlag in der Mitte des Untersuchungszeitraumes auf: An einem Tag wurde ein Zeitgrad von 2,1 ermittelt. Es ließ sich nicht mehr klären, ob es sich hierbei um einen Erfassungsfehler oder um eine tatsächlich sehr hohe Tagesleistung handelte. Bewußt wurde dieser Wert nicht eliminiert, um damit die Robustheit der zu bewertenden Instrumente zu überprüfen. An einigen Samstagen wurde gearbeitet, um Auftragsspitzen abzubauen. Diesbezügliche Daten wurden dem vorhergehenden Arbeitstag zugeordnet, um starke Schwankungen des dynamischen Zeitgrades, die bei geringen Tageskapazitäten auftreten, zu vermeiden.

---

[1] Zur Frage der Berücksichtigung von Vorgabezeitänderungen im Rahmen von Zeitreihenuntersuchungen vgl. Warnecke 1996b, S. 23ff.

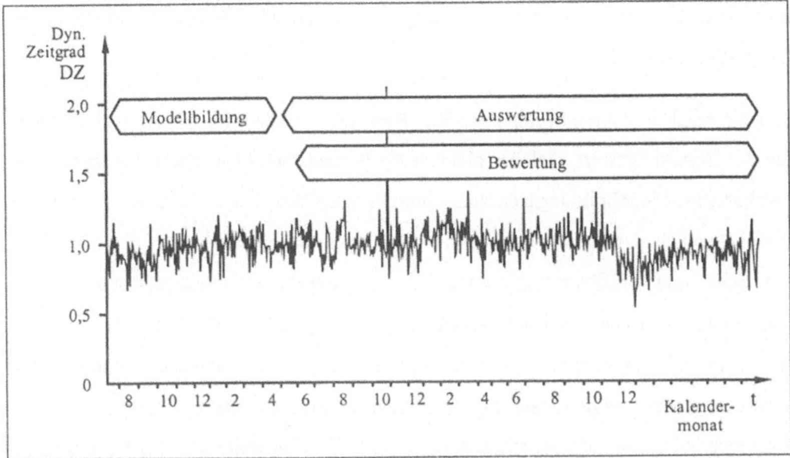

Bild 7-4: Testdaten des dynamischen Zeitgrades

Die ersten 10 Monate des Untersuchungszeitraums sind für Zwecke der Modellbildung reserviert worden. Sie dienen ausschließlich der Identifikation und Parametrisierung der Zeitreihenmodelle und werden bei der Auswertung ausgeblendet. Damit wird vermieden, daß eine im nachhinein durchgeführte Modellbildung zu guter Übereinstimmung zwischen Modell und Realität führt, die im praktischen Einsatz nicht zu erreichen ist. Grundsätzlich gilt für alle weiteren Ausführungen in diesem Kapitel, daß Algorithmen und Entscheidungsmodelle sich ausschließlich auf die zum jeweiligen Zeitpunkt vorliegenden Informationen stützen.

Der Bewertungszeitraum setzt erst einen Monat nach Beginn des Auswertungszeitraumes ein, um den Einfluß von Einschwingvorgängen zu eliminieren. Insgesamt steht für die Bewertung ein Zeitraum von 26 Monaten und damit eine gute Basis für statistische Betrachtungen zur Verfügung.

7.2.2 Leistungsfähigkeit von Prognoseverfahren

Die Prognose von Zeitreihen kann sich auf die im Abschnitt 6.3 beschriebenen Modelle stützen. Das triviale Modell wird an dieser Stelle in zwei Varianten berücksichtigt, welche für einen sehr pragmatischen Ansatz stehen. Es handelt sich dabei gewissermaßen um Vergleichsmodelle, denen das Leistungsvermögen der komplexeren Modelle gegenübergestellt werden kann.

Bild 7-5 zeigt, wie die einzelnen Modelle eingesetzt wurden: Im trivialen Modell werden der Erwartungswert, welcher gleichzeitig Prognosewert ist, sowie die Standardabweichung im Modellbildungszeitraum einmalig geschätzt. Damit kann ein Prognoseintervall angegeben werden. In einer Abwandlung dieses Modells wird je Monat eine neue Schätzung von Erwartungswert und Standardabweichung durchgeführt und für den Folgemonat verwendet. Bei der exponentiellen Glättung wird der Modellbildungszeitraum verwendet, um einmalig den Glättungsparameter β zu schätzen. Prognosewert und Konfidenzgrenzen werden dann täglich neu bestimmt. Das ARIMA-Modell schließlich stützt sich auf eine Modellidentifikation im Modellbildungszeitraum. Die Parameter des dabei festgelegten Modells werden täglich neu bestimmt, um auch hier die neuesten verfügbaren Informationen über den Verlauf der Zeitreihe zu berücksichtigen.

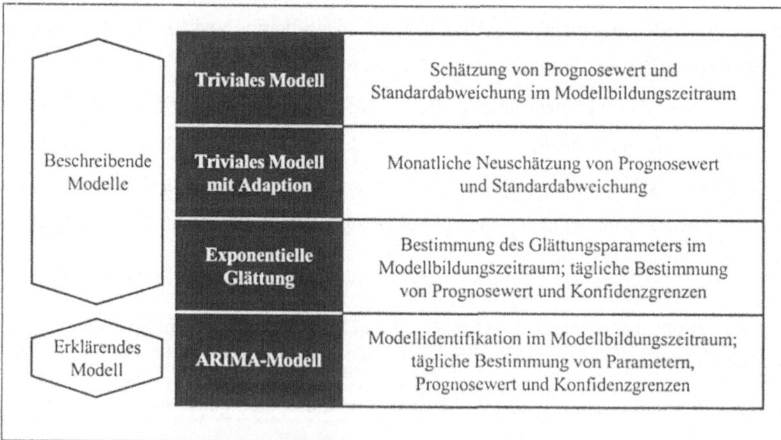

Bild 7-5: Betrachtete Zeitreihenmodelle

Das Bild 7-6 zeigt die Ergebnisse der Untersuchung. Für jedes der Modelle sind die Zeitreihe sowie die Prognosewerte und Intervallgrenzen der Einschrittprognose dargestellt. Das Prognoseintervall bezieht sich in allen Fällen auf eine statistische Sicherheit von 95 %.

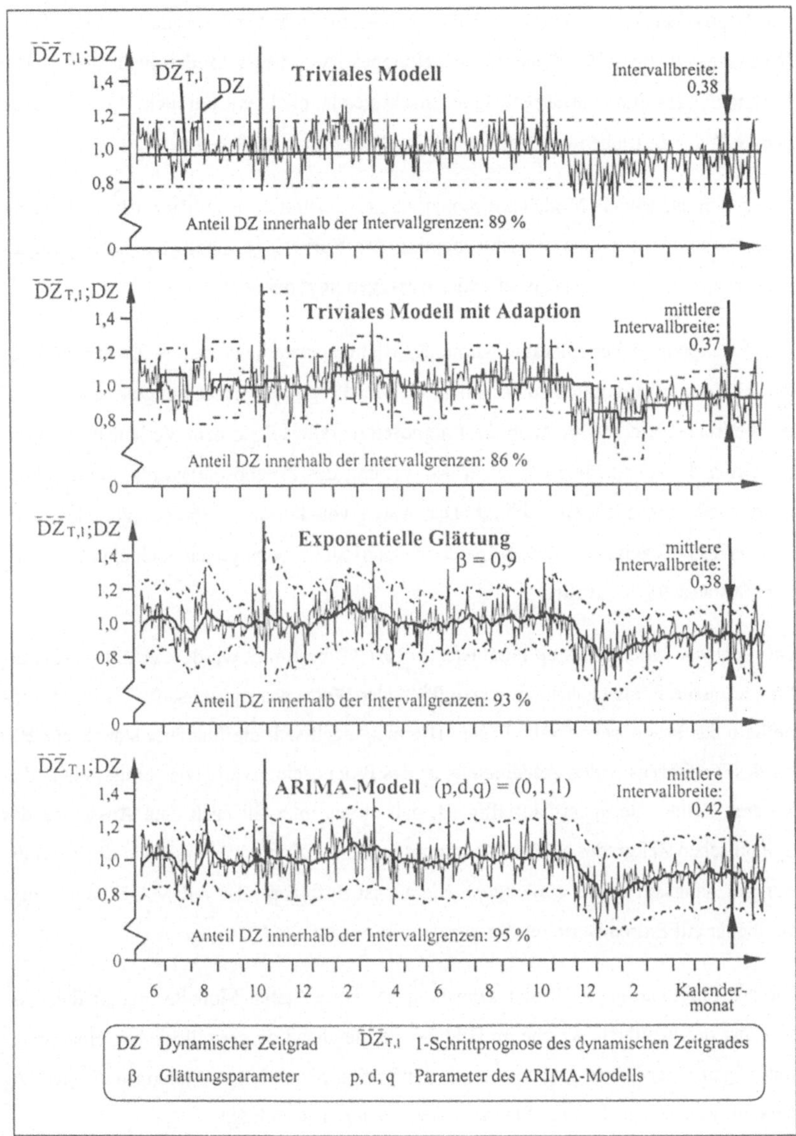

Bild 7-6: Prognosen der Zeitreihenmodelle[1]

[1] Basis: Einschrittprognose, statistische Sicherheit 95 %.

Die Schwächen des trivialen Modells werden am Ende der Zeitreihe deutlich: Einer Niveauverschiebung des dynamichen Zeitgrades kann dieses Modell nicht folgen. Die Verletzung der Stationaritätsannahme[1] macht verständlich, warum nicht 95 %, sondern nur 89 % der Zeitreihenwerte tatsächlich im Prognoseintervall liegen.

Stützt sich das triviale Modell auf monatlich neu bestimmte Parameter, tritt im betrachteten Beispiel sogar eine Verschlechterung der Vorhersage eines geeigneten Prognoseintervalls ein: Die Quote zutreffender Aussagen liegt bei nur 86 %.

Bei der exponentiellen Glättung wurde der Glättungsparameter zu $\beta = 0{,}9$ bestimmt. In der Abbildung ist deutlich zu erkennen, daß der Prognosewert sich eng an den Verlauf der Zeitreihe anschmiegt. Auch die Prognoseintervalle folgen dem Verlauf der Zeitreihe. Große Residuen führen zu einer Aufweitung des Prognoseintervalls, die anschließend wieder exponentiell abklingt. Der Anteil von korrekt vorhergesagten Intervallgrenzen (93 %) zeigt eine gute Anpassung des Modells, wenngleich noch eine Differenz zum Sollwert 95 % auftritt.

Das ARIMA-Modell, dessen Parameter zu (0,1,1)[2] bestimmt wurden, erfüllt die Erwartungen insofern, als tatsächlich genau 95 % der Werte des dynamischen Zeitgrades innerhalb des Prognoseintervalls liegen. Hierin spiegelt sich die fundierte statistische Basis des Verfahrens wider. Andererseits ist das Prognoseintervall etwas breiter als in den anderen Fällen. Besonders auffällig ist, daß dieses Intervall nach dem Ausschlag des dynamischen Zeitgrades an Breite zunimmt und diese Breite bis zum Ende der Zeitreihe nur ganz langsam wieder zurückgeht. Hieraus ist zu folgern, daß ARIMA-Modelle empfindlicher auf Extremwerte reagieren als die exponentielle Glättung.

Tiefere Einblicke in die Prognoseleistung der betrachteten Modelle erlaubt die Auswertung der Residuen, welche im Bild 7-7 vergleichend dargestellt ist. Die Histogramme zeigen einen etwas schlankeren Verlauf bei exponentieller Glättung und ARIMA-Modell, was sich auch in der Standardabweichung niederschlägt.

---

[1] Vgl. Abschnitt 6.4.1.

[2] Vgl. Abschnitt 6.3.2.

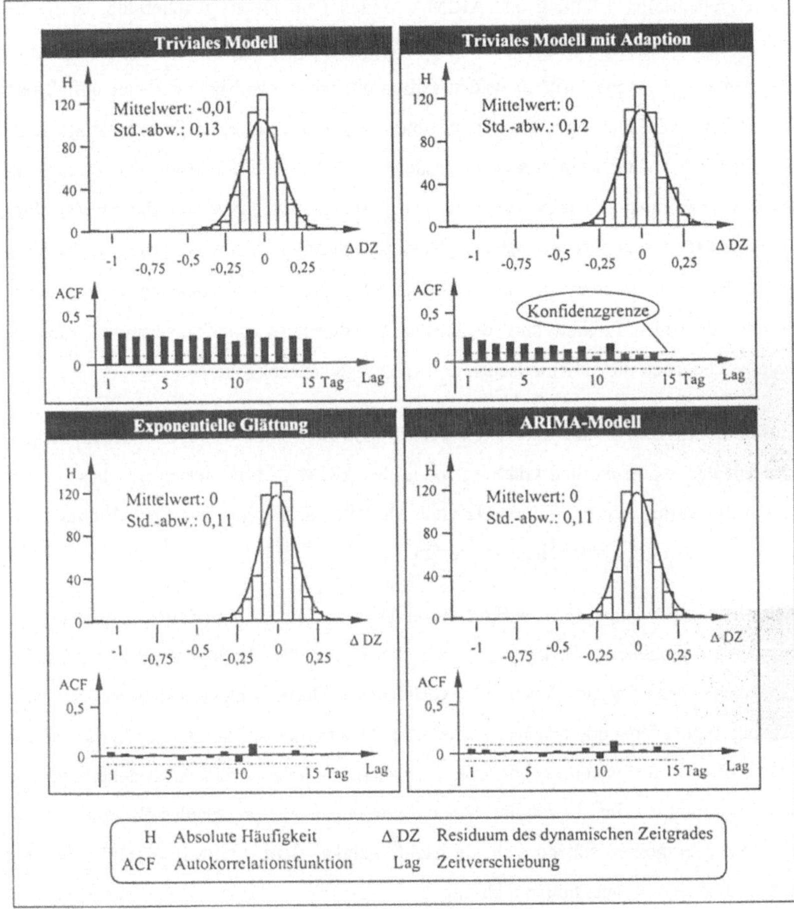

Bild 7-7: Residuen der Einschrittprognose

Um zu beurteilen, ob die Residuen keine statistisch signifikanten Merkmale mehr enthalten, wie es idealerweise der Fall sein soll, ist die Autokorrelationsfunktion[1] (ACF) der Residuen dargestellt. Hier zeigt sich erwartungsgemäß die Schwäche der trivialen Modelle, deren ACFs signifikante Werte aufweisen. In Worten ausgedrückt heißt dies, daß aufeinanderfolgende Residuen der Zeitreihe stark voneinander abhängig sind.

[1] Vgl. Abschnitt 6.3.2.

Bei exponentieller Glättung und ARIMA-Modell liegt die ACF innerhalb der Konfidenzgrenzen und ist damit statistisch unauffällig. Lediglich bei der Zeitverschiebung im Bereich von 10 Tagen tritt in beiden Fällen ein leicht signifikanter Wert auf. Dieser deutet auf eine Saisonfigur des dynamischen Zeitgrades mit einer Periodenlänge von 2 Wochen hin[1]. Mittels einer entsprechenden Wahl des ARIMA-Modells ließe sich die ACF der Residuen zielsicher reduzieren. Im vorliegenden Fall wurde darauf verzichtet, weil die Signifikanz des beobachteten Merkmals gering und eine Verbesserung der Prognoseleistung nicht zu erwarten ist. Im allgemeinen kann die Berücksichtigung von Saisonindizes jedoch durchaus sinnvoll sein, wobei allerdings zunächst zu prüfen wäre, auf welche Ursachen die systematischen Schwankungen zurückgehen[2].

Zusammenfassend kann festgehalten werden, daß Zeitreihen des dynamischen Zeitgrades mit der exponentiellen Glättung sowie der ARIMA-Modellierung gut beschrieben und ausgewertet werden können. Triviale Modelle weisen eine geringere Eignung auf, sind aber nicht grundsätzlich zu verwerfen.

Mit diesen Erkenntnissen kann die Beurteilung von Zeitreihenmodellen in Bild 6-8 dahingehend präzisiert werden, daß sich die erwartete Überlegenheit des ARIMA-Ansatzes bei der Prognoseleistung im vorliegenden Beispiel nicht bestätigen läßt. Unter Abwägung der Vor- und Nachteile scheint die exponentielle Glättung der für den praktischen Einsatz am besten geeignete Ansatz zu sein. Gegen ARIMA-Modelle spricht in der Gesamtbilanz die notwendige Modellbildung, die entsprechendes Fachwissen voraussetzt. Demgemäß stützen sich die nachfolgenden Betrachtungen ausschließlich auf den Ansatz der exponentiellen Glättung.

Die Modellierung von Zeitreihen des dynamischen Zeitgrades ist ein Werkzeug innerhalb des Verfahrens zur Kapazitätsabstimmung. Insofern erhalten die vorstehenden Ergebnisse ihren Praxisbezug durch die Gestaltung der Abstimmungsfunktion, welche in den nachfolgenden Abschnitten behandelt wird.

---

[1] Derartige Effekte konnten vom Autor in den Daten mehrerer Unternehmen identifiziert werden.

[2] Bei einer Leistungsentlohnung sind zyklische Schwankungen bei den Rückmeldungen sehr oft anzutreffen. Abhilfe kann hier geschaffen werden, indem bei den Rückmeldungen Logistik- und Entgeltrelevanz voneinander getrennt werden.

7.2.3 Handlungsmodelle zur Kapazitätsabstimmung

Zur Beurteilung von Ansatz und Parametern der Abstimmungsfunktion wurden Simulationsstudien durchgeführt, deren Anwendung und Ergebnisse nachfolgend dargestellt werden.

Um die Untersuchungen eng an Praktiken in der industriellen Anwendung anzulehnen, sind dabei zunächst Handlungsmodelle zu formulieren, welche die im Rahmen der Abstimmungsfunktion zu treffenden Entscheidungen der beteiligten Mitarbeiter nachbilden. Im einzelnen betrifft dies die Variationsbreite der Tageskapazität und deren Anpassungsstufen.

Bereits im Abschnitt 3.2.1 wurde darauf hingewiesen, daß eine Anpassung des Kapazitätsangebotes an den Bedarf ein entsprechendes Arbeitszeitmodell voraussetzt, dessen Schwankungsbreite möglichst groß sein soll. Im Rahmen dieser Untersuchung wurde keine Begrenzung der Zeitsalden einzelner Mitarbeiter berücksichtigt, um das Verhalten der operativen Kapazitätsanpassung nicht durch mittelfristig wirkende Mechanismen zu überlagern, was die Interpretation der Ergebnisse sehr erschweren würde.

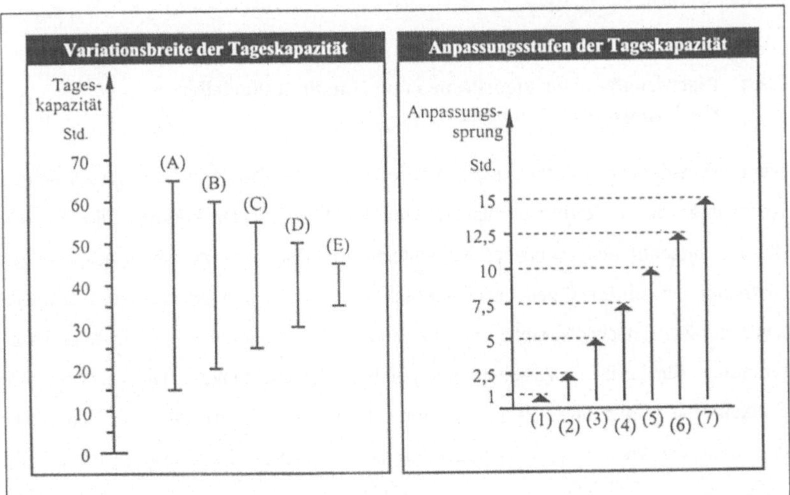

Bild 7-8: Betrachtete Handlungsmodelle zur Kapazitätsanpassung

Bei der Variationsbreite der Tageskapazität, deren Mittelwert bei etwa 40 Stunden liegt, wurden 5 Modelle formuliert (Bild 7-8), die im folgenden als (A), (B), (C), (D) und (E) bezeichnet werden. Modell (A) weist eine Variationsbreite von 15 bis 65 Stunden auf, was den temporären Einsatz von Mitarbeitern aus anderen Arbeitsgruppen voraussetzt. Das geringste Anpassungsvermögen ist bei Modell (E) zu beobachten, bei dem die Tageskapazität im Intervall [35 Std., 45 Std.] schwanken darf.

In der Praxis werden Mitarbeiter ihre geplante Anwesenheit nicht exakt an den ausgewiesenen Bedarf anpassen, sondern auf- oder abrunden. Da im Rahmen dieser Arbeit die Erfüllung der Kapazitätsanforderungen hohe Priorität hat, wird grundsätzlich eine Aufrundung vorgenommen. Die Stufen dieser Aufrundung sind im rechten Teil des Bildes 7-8 dargestellt. Sie reichen von 1 Stunde bis 15 Stunden und werden mit (1) bis (7) bezeichnet. Das Modell (1) setzt mithin voraus, daß innerhalb der Arbeitsgruppe eine hohe Fähigkeit und Bereitschaft vorhanden ist, den Arbeitseinsatz flexibel zu steuern. Modell (7) hingegen entspricht der Situation, daß die Arbeitsgruppe kollektiv ihre Arbeitszeit festlegt[1]. Durch Kombination der in Bild 7-8 dargestellten Parametervariationen entstehen 35 Handlungsmodelle, die im Rahmen der Simulationsuntersuchung betrachtet wurden.

7.2.4 Eigenschaften von Algorithmen und Handlungsmodellen zur Kapazitätsabstimmung

Die Entscheidungen zur Steuerung des Arbeitseinsatzes, also der Istzeit, stützen sich auf Kennwerte, die im Zeitfortschrittsdiagramm abgelesen werden können. Bild 7-9 zeigt das Zeitfortschrittsdiagramm des betrachteten Arbeitssystems zu einem ausgewählten Zeitpunkt, der mit h = 0 gekennzeichnet ist. Zu diesem Zeitpunkt kann ein Konfidenzkanal des Zeitfortschrittsgraphen ermittelt und eingezeichnet werden. Dieser bildet die Grundlage für die in der Arbeitsgruppe gefällten Entscheidungen[2]. Die Festlegung der Sollkapazität erfolgt unter Zugrundelegung der unteren Grenze des Konfidenzkanals, d. h. unter der Annahme, daß das Arbeitssystem – unter Berücksichtigung des gewähl-

---

[1] Dies ist z. B. typisch für den Fall, daß die Mitarbeiter Fahrgemeinschaften bilden.

[2] Vgl. Abschnitte 6.7.5 und 6.7.6.

ten Vertrauensbereiches – an der unteren Grenze seines Leistungsvermögens arbeiten wird.

Im Bild 7-9 ist neben den Konfidenzgrenzen auch der in der Realität anschließend tatsächlich eingetretene Verlauf des Zeitfortschrittsgraphen eingezeichnet. Zu erkennen ist, daß die ZI-Werte der einzelnen Tage deutlich streuen, ohne daß der Graph die Konfidenzgrenzen verläßt.

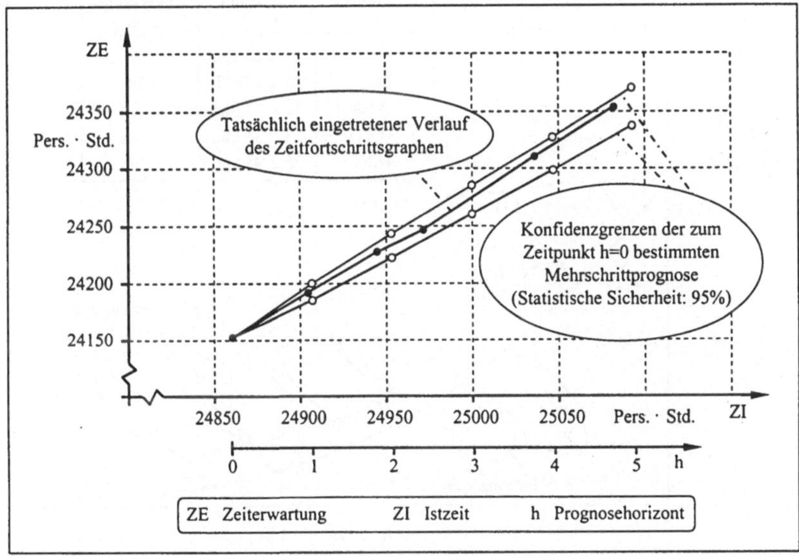

Bild 7-9: Zeitfortschrittsgraph mit Mehrschrittprognose

Die Sollkapazität der Arbeitsgruppe wird nun so gewählt, daß am Ende des Arbeitstages gerade der vorgegebene Arbeitsfortschritt erreicht, d. h. der gesetzte Endtermin eingehalten wird. Bevor diese Setzung gültig wird, ist zu überprüfen, ob der ermittelte Wert in das Variationsintervall der Tageskapazität fällt; außerdem wird der gewählten Anpassungsstufe gemäß gerundet. In der beschriebenen Weise wird sukzessiv die Tageskapazität bestimmt. Der am betreffenden Tag eingetretene dynamische Zeitgrad ergibt sich aus den Testdaten.

Zunächst wird angenommen, daß die Ermittlung und Anpassung der Tageskapazität täglich auf der Grundlage einer Einschrittprognose erfolgt. In einem ersten Schritt wird überprüft, ob die gewählte Stellgröße sich in den Ergebnisgrößen des Produktionsprogramms wiederfindet. Hierzu wird die Anzahl der Tage ermittelt, an denen der vorgegebene Arbeitsfortschritt nicht erreicht wurde. Theoretisch soll dieser Wert dem Parameter $u_{1-\alpha/2}$ folgen, der die Breite des Konfidenzkanals festlegt. In Bild 7-10 sind der theoretische Verlauf sowie die in der Simulation aufgetretenen Werte aufgetragen.

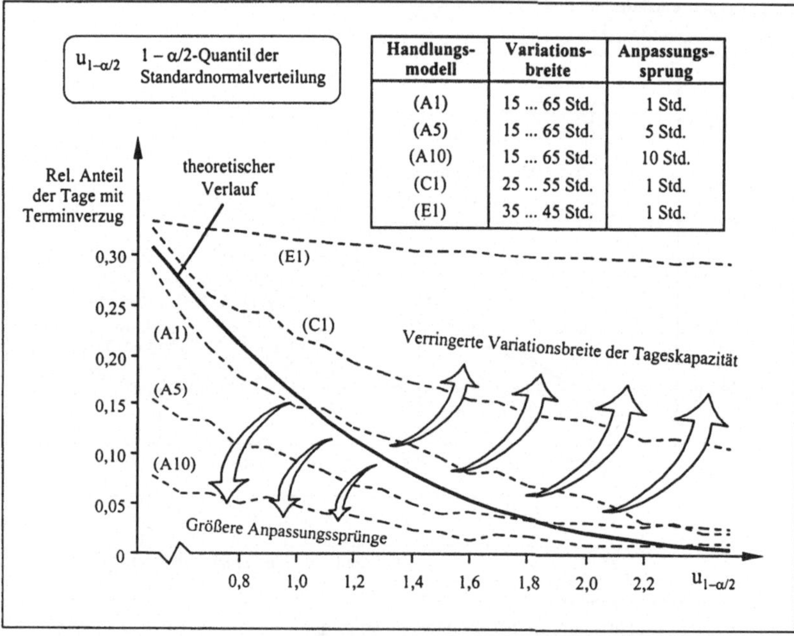

Bild 7-10: Terminverzug in Abhängigkeit von der gewählten Konfidenzgrenze

Dabei bestätigt sich die Annahme, daß das Handlungsmodell (A1) die beste Übereinstimmung mit dem theoretischen Verlauf aufweist, denn das Modell (A1) folgt am dichtesten den errechneten Vorgaben für den Arbeitseinsatz. Andere Modelle weichen von diesem Verlauf deutlich ab: Eine verringerte Variationsbreite der Tageskapazität führt zu einem flacheren Verlauf der Kennlinie für den Anteil von Tagen mit Terminverzug. Wie erwartet schneidet das Modell (E1) hier am schlechtesten ab, da es einer starren Arbeitszeitregelung nahekommt. Werden die Anpassungssprünge vergrößert, wird die Kennlinie ebenfalls flacher, allerdings auf sehr niedrigem Niveau. Dies ist verständlich, denn die großen Anpassungssprünge führen zu einem längeren Vorlauf[1] und damit zu verringerter Wahrscheinlichkeit des Eintretens einer Verspätung.

Um die Eignung der formulierten Anpassungsmodelle besser beurteilen zu können, sind deren Auswirkungen auf den mittleren Vorlauf und dessen Standardabweichung sowie die Standardabweichung der Istzeit im Bild 7-11 dargestellt.

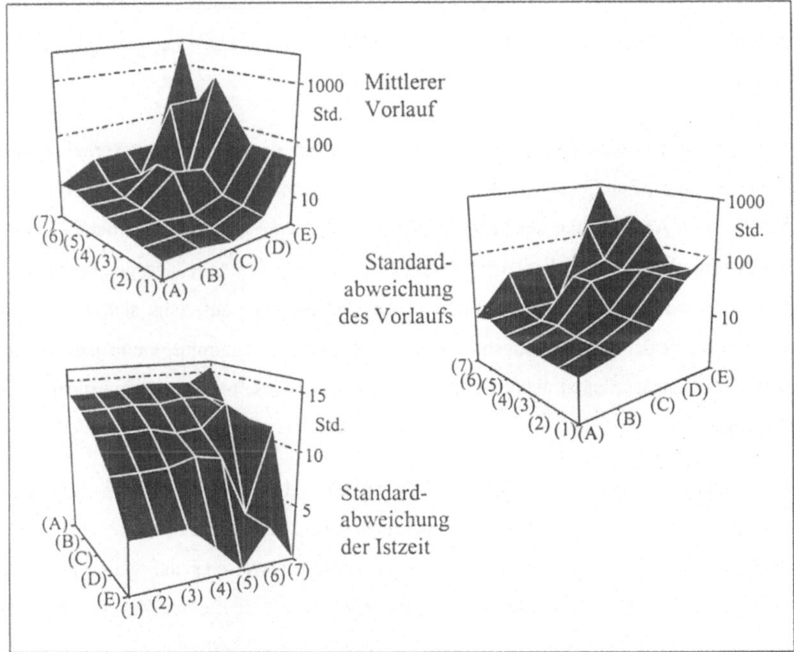

Bild 7-11: Ergebnisgrößen bei der Anwendung von Anpassungsmodellen

Der mittlere Vorlauf erreicht bei geringer Variationsbreite der Tageskapazität und großen Anpassungssprüngen sehr hohe Werte, die eine logarithmische Skala in der grafischen Darstellung erfordern. Die Extremwerte sind ein Indiz für Instabilitäten des Arbeitssystems. In der Tat ist festzustellen, daß das Arbeitssystem in diesen Bereichen nicht mehr in der Lage ist, den schwankenden Mengenanforderungen zu folgen und

[1] Der Vorlauf bezeichnet in dieser Arbeit die am Ende eines Arbeitstages festgestellte Differenz zwischen dem geplanten und dem realisierten Auftragsfortschritt. Die Dimension des Vorlaufes ist die Zeit.

zum Teil in Rückstand gerät, zum Teil Bestände aufbaut. In den stabileren Bereichen der Modellparameter zeigt sich eine geringe Auswirkung auf den Vorlauf. Erwartungsgemäß steigt dieser bei größeren Anpassungssprüngen an; bei einer Variationsbreite der Tageskapazität von 25 bis 55 Stunden erreicht der mittlere Vorlauf sein Minimum. Dieses Ergebnis relativiert sich allerdings bei der Betrachtung der Standardabweichung des Vorlaufs. Diese Kenngröße ist ein Maß für die Stabilität des Vorlaufs selbst. Hier zeigt sich, daß große Schwankungsbreiten der Tageskapazität günstig sind. Die Wahl der Anpassungssprünge hat – im Bereich stabilen Systemverhaltens – nur geringe Auswirkungen.

Die vorstehend ausgewerteten Kenngrößen betreffen das Abfertigungsverhalten des Arbeitssystems. Zur Gesamtbeurteilung ist auch zu untersuchen, welche Auswirkungen sich auf den Arbeitsalltag der Mitarbeiter ergeben. Hierzu ist die Standardabweichung der Istzeit, also des täglichen Arbeitseinsatzes innerhalb der Arbeitsgruppe dargestellt. Klammert man die zuvor als instabil identifizierten Bereiche aus, zeigt sich, daß dieser Kennwert mit der Schwankungsbreite der Tageskapazität zunimmt, kaum jedoch von den Anpassungssprüngen abhängt. Einzig beim Modell (A7) tritt eine signifikante Erhöhung auf.

Zusammenfassend ist zunächst festzuhalten, daß ein stabiler Betrieb des Arbeitssystems von der richtigen Wahl der Anpassungsparameter des Arbeitszeitmodells abhängt. Große Schwankungsbreiten und kleine Anpassungssprünge erweisen sich erwartungsgemäß als günstig. Ihre quantitative Beurteilung ist anhand der dargestellten Kennwerte möglich. Beispielsweise ist für das untersuchte Arbeitssystem feststellbar, daß – mit Ausnahme der extremen Stufe (7) – keine signifikante Auswirkung der Anpassungssprünge auf den Vorlauf feststellbar ist. Des weiteren ist feststellbar, daß die Rücknahme der Variationsbreite vom Modell (A) auf das Modell (B) diesbezüglich nicht zu nennenswerten Nachteilen führt.

Alle vorstehenden Ergebnisse beziehen sich auf die Anwendung der Einschrittprognose, also dem Ansatz, daß am Ende eines Arbeitstages die Personalkapazität für den Folgetag ermittelt bzw. festgelegt wird. Dies stellt naturgemäß hohe Anforderungen an die Flexibilität der Mitarbeiter. Der Wunsch, eine Festlegung für längere Planungshorizonte zu treffen, erfordert eine entsprechende Verlängerung des Prognosehorizontes und ist ansonsten mit den vorgestellten Werkzeugen zur Kapazitätsabstimmung vollständig zu erfüllen.

Welche Auswirkungen sich durch größere Planungshorizonte ergeben, ist in Bild 7-12 zu sehen[1]. Die Standardabweichung der Istzeit nimmt mit der Zunahme des Horizontes ab, da für den Planungshorizont jeweils genau *ein* Wert für die Tageskapazität festgelegt wird. Der Abfall der Kurve ist allerdings nicht sehr ausgeprägt. Der mittlere Vorlauf steigt mit der Zunahme des Horizontes deutlich an. Die vorgewählte Wahrscheinlichkeit, mit der die Ecktermine der Auftragsbearbeitung erreicht werden, wird zwar tatsächlich realisiert, aber um den Preis eines steigenden Vorlaufes. Hierin spiegelt sich wider, daß die Prognosen mit größerem Horizont unsicherer werden. Zudem setzt ein längerer Horizont voraus, daß der Kapazitätsbedarf für diesen Horizont bekannt ist. Im Umkehrschluß ergibt sich, daß ein geringer Vorlauf am besten durch eine kurzfristige Festlegung der Personalkapazitäten zu erreichen ist. Eine quantitative Beurteilung dieses Sachverhaltes ist anhand der dargestellten Kenngrößen möglich.

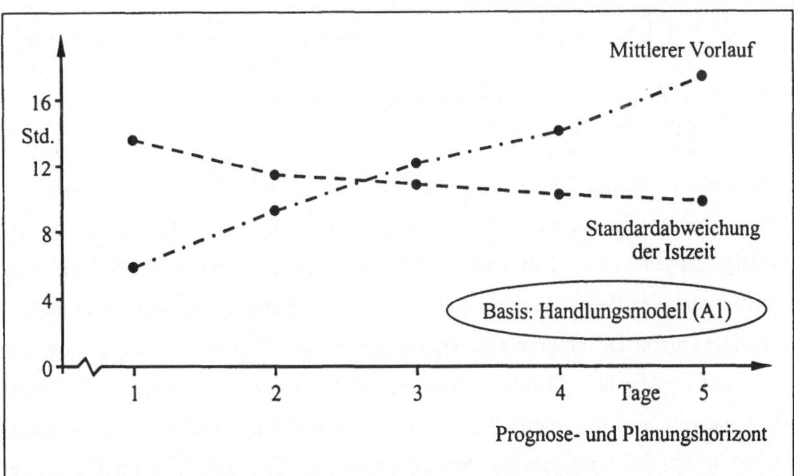

Bild 7-12: Kennwerte zur Anwendung der Mehrschrittprognose bei der Kapazitätsabstimmung

[1] Bei der Simulation wurde jeweils für den Prognosehorizont eine mittlere erforderliche Personalkapazität ermittelt und diese dann konstant in der Planungsperiode realisiert. Für die 5-Schrittprognose bedeutet dies beispielsweise, daß am Freitag die Kapazität für die Folgewoche festgelegt und diese dann auch in dieser Form (im Rahmen der Restriktionen des Anpassungsmodells) bereitgestellt wurde.

Im Abschnitt 6.7.6 wurde darauf hingewiesen, daß auch der dynamische Zeitgrad Anpassungsobjekt innerhalb der Abstimmungsfunktion sein kann. In diesem Sinne läßt sich eine Vergrößerung der Tageskapazität in Grenzen durch eine Intensitätserhöhung substituieren. Durch Anwendung der Definitionsgleichung des dynamischen Zeitgrades ergibt sich eine Kennlinienschar (Bild 7-13). Jede dieser Kennlinien ist eine Isoquante der Zeiterwartung ZE.

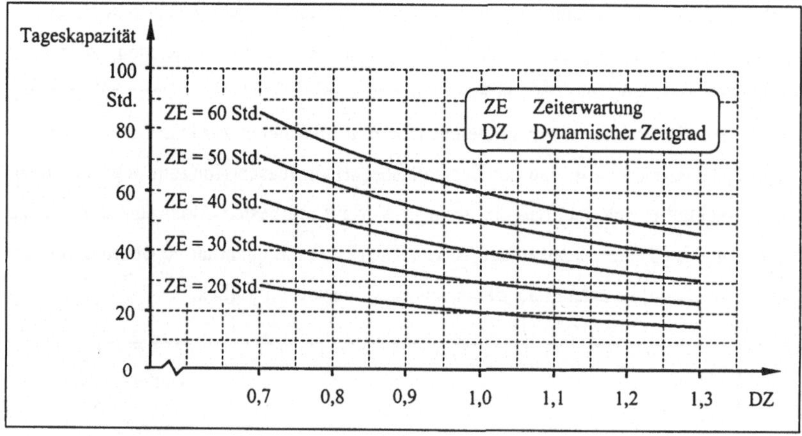

Bild 7-13: Isoquanten der Zeiterwartung

Unter der Annahme, daß eine temporäre Einflußnahme auf DZ in der Größenordnung der Standardabweichung realistisch ist, kann im Rahmen des Handlungsmodells (A1) die Tageskapazität in der Spitze auf 71,5 Stunden erhöht werden, ohne daß hierfür die Bereitstellung von Personal aus anderen Arbeitsgruppen erforderlich wäre. Wie interessant diese Option für die Praxis ist, ergibt sich aus dem Ergebnis der Simulation, daß sich damit die Anzahl nicht erfüllter Tagesprogramme um 20 % verringert. Bei anderen Handlungsmodellen liegt dieser Wert sogar noch höher. Eine weitergehende Schlußfolgerung besagt, daß Unternehmen, deren Produktionskonzept erfolgreich auf die unbedingte Erfüllung schwankender Tagesprogramme abzielt, die Option einer Einflußnahme auf DZ wahrnehmen[1]. Denn bei geringem Vorlauf wäre ansonsten immer mit einer Restmenge nicht erfüllter Tagesprogramme zu rechnen.

[1] Obwohl Praxisberichte auf dieses Phänomen hindeuten, steht eine abgesicherte empirische Überprüfung noch aus (vgl. Tikart 1994, S. 697f.).

Insgesamt stellt sich die Frage, welche absoluten Verbesserungen der Einsatz des beschriebenen Verfahrens gegenüber dem Stand der Technik realisiert. Untersucht werden hierzu die Anpassungsmodelle (A1...7) und (B1...7). Als Prognoseverfahren kommt zum einen die exponentielle Glättung zum Einsatz, zum anderen die triviale Prognose. Letztere enthält keinen Adaptionsmechanismus hinsichtlich des dynamischen Zeitgrades und steht damit für die übliche Vorgehensweise in der Industrie.

Als Ergebnis zeigt sich, daß die Anzahl der Tage, an denen das Tagesziel nicht erreicht wird, bei Verwendung des adaptiven Ansatzes durchweg niedriger liegt, im Durchschnitt um 30 %. Gleichzeitig sinkt dabei der mittlere Vorlauf um etwa 4 %. Ein hiermit arbeitendes Unternehmen kann somit seine Liefertreue erheblich verbessern und die Kunden- bzw. Marktorientierung entsprechend steigern. Dies gilt auch und gerade dann, wenn die Grunddaten den tatsächlichen Kapazitätsbedarf nur unzureichend wiedergeben oder durch temporäre Effekte verzerrt sind.

Es liegt auf der Hand, daß die quantitativen Ergebnisse der Simulationsuntersuchung keine Allgemeingültigkeit haben, sondern die spezifischen Gegebenheiten des betrachteten Arbeitssystems widerspiegeln. Eine derartige Untersuchung ermöglicht es aber im Einzelfall, bei der Auslegung des Arbeitssystems sowie der Festlegung der Parameter richtige Entscheidungen zu treffen.

7.2.5 Bewertung des Verfahrens zur Kapazitätsabstimmung

Die vorstehenden Untersuchungen zeigen, daß das Leistungsverhalten von homogenen Arbeitsgruppen mittels des dynamischen Zeitgrades sehr effektiv beschrieben werden kann. Leistungsfähige Prognoseverfahren erschließen diesen Ansatz auch für Planungs- bzw. Steuerungszwecke und gewährleisten eine adaptive Parameteranpassung. Das hierbei zur Anwendung kommende statistische Instrumentarium läßt sich durchgängig auf das gesamte Entscheidungsfeld anwenden. Simulationsstudien bestätigen die hergeleiteten Zusammenhänge zwischen den Stellgrößen der Abstimmungsfunktion und den Ergebnisgrößen des Arbeitssystems; systematische Abweichungen und deren Ursachen können beschrieben und interpretiert werden.

Das Leistungspotential des Zeitfortschrittsdiagramms konnte im Rahmen der Simulation nur unvollkommen ausgenutzt und demonstriert werden: Kreative Mitarbeiter werden sich nicht damit begnügen, jeweils die untere Konfidenzgrenze des dynamischen Zeitgrades zur Richtschnur ihrer Entscheidungen zu machen. Vielmehr werden sie ihr Erfahrungswissen nutzen und die zum Teil in einem Konkurrenzverhältnis stehenden Zielgrößen miteinander in Einklang bringen[1].

7.2.6 Schlußfolgerungen zur Gestaltung flexibler Arbeitssysteme

Die Simulationsuntersuchungen zeigen, daß große Schwankungsbreiten der Tageskapazität ein erfolgreicher Ansatzpunkt zur Gestaltung mengenadaptiver Gruppenarbeitssysteme sind, zum Teil aber auch durch Intensitätsanpassungen substituiert werden können. Gleichzeitig ist feststellbar, daß im Einzelfall sinnvolle Schranken der Flexibilisierung von Stellgrößen existieren, deren Überschreitung nur noch zu marginalem Grenznutzen führt. Ein punktgenaues Einhalten der ermittelten Idealkapazität ist in der Regel nicht erforderlich; Rundungen haben hierbei nur geringe Auswirkungen.

Falls Aufträge erst kurz vor Produktionsbeginn vorliegen und deshalb der Vorlauf sehr kurz sein muß, sind auch für die Anpassung der Personalkapazität kurze Zeiträume zwingend erforderlich, da andernfalls die Liefertreue deutlich sinken würde.

7.2.7 Schlußfolgerungen zur Methodenentwicklung

Im Rahmen dieser Arbeit ist eine durchgängige statistische Methode zur Beschreibung von Eigenschaften und Verhaltensmustern homogener Gruppenarbeitssysteme entwikkelt worden. Die systematische Herleitung von Zusammenhängen lieferte Erkenntnisse spezifischer und allgemeiner Art. Der aufgezeigte Nutzen empfiehlt, den gewählten Ansatz auch auf andere Anwendungsfelder auszudehnen und damit zu verallgemeinern.

Gleichzeitig bietet sich an, die Kennlinien zum Systemverhalten direkt aus den Bestimmungsgrößen des Produktionssystems sowie des Auftragsprofils herzuleiten. Ähnlich wie dies im Zusammenhang mit dem Trichtermodell, welches sich auf logistische

[1] Vgl. Abschnitt 6.7.5.

Kenngrößen konzentriert, gelungen ist, kann damit auch für die Arbeitswirtschaft ein Theoriegebäude entstehen, aus welchem sich Instrumente für Gestaltung und Betrieb von Produktionssystemen ableiten lassen und welches zugleich der Erweiterung des Wissens über grundlegende Gesetzmäßigkeiten industrieller Produktion dient. Es ist auch die Frage zu stellen, ob der Gegenstand dieser Arbeit und das Trichtermodell miteinander verknüpft werden können.

Die statistische Sichtweise auf arbeitswirtschaftliche Zusammenhänge schließt schlußendlich eine methodische Lücke, welche sich aus der in Bild 7-14 dargestellten Analogiebetrachtung ergibt: Erreichbare und erforderliche Toleranzen systematisch zu beschreiben und im Sinne optimaler Funktionserfüllung miteinander in Einklang zu bringen, hat zu Beginn des 20. Jahrhunderts die Ablösung der handwerklichen Produktionsweise erst möglich gemacht[1]. Passungssysteme in Theorie und Anwendung gehören zum Grundwissen des Ingenieurs. „Passungen" zeitbezogener Größen werden hingegen bis heute quasi als „Einzelanfertigung" für jedes Arbeitssystem individuell erstellt.

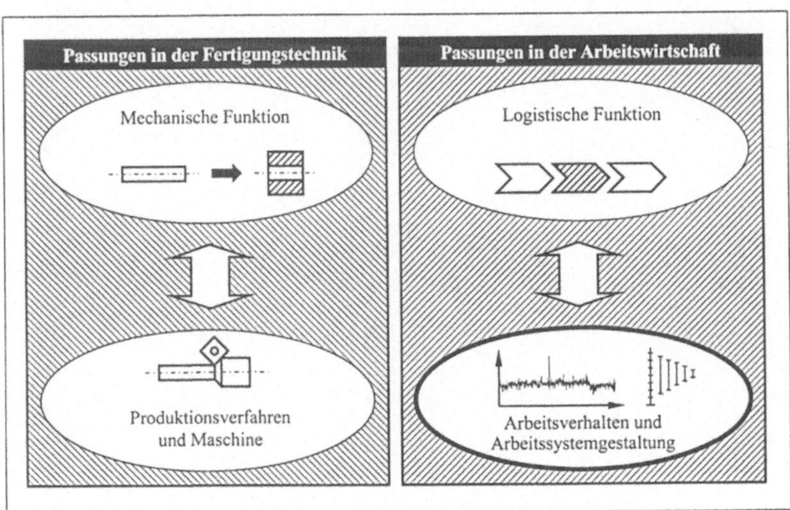

Bild 7-14: Toleranzen in Fertigungstechnik und Arbeitswirtschaft

[1] Vgl. Spur 1991, S. 384f.

Sollte es gelingen, eine „Passungslehre“ der Arbeitswirtschaft zu entwickeln, dürften erhebliche Verbesserungspotentiale erschließbar sein[1]. Die vorliegende Arbeit leistet hierzu einen Beitrag, indem die erreichbaren Toleranzen als Eigenschaft des Produktionssystems für *ein* Anwendungsfeld in ihren Zusammenhängen beschrieben werden. Gleichzeitig werden „Herstellverfahren“ angegeben, in diesem Fall Verfahren und Einstellgrößen zur Kapazitätsabstimmung in homogenen Arbeitsgruppen, mittels derer sich gezielt die gewünschten Werte realisieren lassen.

[1] Vgl. Westkämper 1998b.

8 Zusammenfassung

Mit kreativen Lösungen bei der Gestaltung des Leistungserstellungsprozesses können produzierende Unternehmen trotz hoher Kostenbelastung ihre Wettbewerbsposition sichern bzw. ausbauen. Eine solche Lösung ist in der marktnahen Produktion unter Vermeidung von Fertigwarenbeständen zu sehen. Die Umsetzung dieses Konzeptes bedingt eine darauf ausgerichtete Produktionsstrategie, deren Kernbestandteil ein hohes Anpassungsvermögen an veränderliche Marktbedingungen, im Kurzfristbereich an die variable Auftragssituation ist.

Eine durch manuelle Tätigkeiten geprägte Produktion bietet hierzu infolge der meist geringen Fixkostenbelastung gute Voraussetzungen. Die Abstimmung zwischen Kapazitätsbedarf und -angebot erfolgt dabei primär durch eine Flexibilisierung des Arbeitseinsatzes. Mit dieser Entwicklung geht eine zunehmende Dezentralisierung von koordinierenden Tätigkeiten einher, so daß die entstehenden teilautonomen Arbeitsgruppen vor der Aufgabe stehen, ihren Personaleinsatz flexibel an den Bedarf anzupassen.

Hinsichtlich der methodischen Unterstützung zur optimalen Bewältigung dieser Aufgabe sind Defizite auszumachen, welche sich einerseits in der mangelnden Anpassung der Unterstützungswerkzeuge an die Bedürfnisse der Anwender, andererseits in der fehlenden Aktualität und damit Praxisnähe der verarbeiteten Grunddaten widerspiegeln. Eine Schließung dieser Lücken ist Voraussetzung für einen breiten und erfolgreichen Einsatz marktnah agierender Gruppenarbeitssysteme.

Die vorliegende Arbeit leistet hierzu einen Beitrag, indem für homogene Arbeitsgruppen, die sequentiell terminkritische Aufträge bearbeiten, ein die genannten Anforderungen erfüllendes Steuerungsverfahren entwickelt und erprobt wird. Hinsichtlich der Datengrundlage basiert dieses Verfahren auf einer die gesamte Arbeitsgruppe betrachtenden, je Arbeitstag fortgeschriebenen Kennziffer, welche formal der Definition des Zeitgrades entspricht und diesen dynamisiert. Damit ist gewährleistet, daß hierauf aufbauende Kapazitätsermittlungen auf aktuellen Daten beruhen.

Geeignete Modellierungsverfahren erlauben die Beschreibung und Deutung der so entstehenden Zeitreihe sowie deren Aufbereitung für Prognosezwecke. Unter Anwendung mathematischer Methoden können anschließend Prognoseintervalle für den dynamischen Zeitgrad angegeben werden, deren Breite von der seitens des Anwenders gewählten statistischen Sicherheit abhängt.

Um die so gewonnenen Informationen für die Steuerung des Personaleinsatzes nutzbar zu machen, wird als grafisches Hilfsmittel das Zeitfortschrittsdiagramm entwickelt, welches die einzusetzenden Personalressourcen in einen quantitativen Zusammenhang mit den herzustellenden Produkten bringt. Mittels einer Übertragung der Prognoseaussagen aus der Zeitreihenbetrachtung leiten sich realitätsnahe, statistisch abgesicherte Aussagen zu den Fertigstellungsterminen einzelner Aufträge ab, die auch Leistungsschwankungen im Arbeitssystem berücksichtigen. Äquivalent hierzu sind Aussagen zum Arbeitsfortschritt, der zu einem bestimmten Zeitpunkt erreicht sein wird.

Das Zeitfortschrittsdiagramm entsteht automatisch aus den betrieblichen Daten und steht der Arbeitsgruppe damit als Steuerungsinstrument zur Verfügung. Durch Variation des geplanten Personaleinsatzes für den betrachteten Zeitraum kann die Arbeitsgruppe interaktiv eine sowohl den persönlichen Wünschen der Mitarbeiter als auch den Markterfordernissen entsprechende Lösung der Optimierungsaufgabe identifizieren. Dabei kommt dem Urteilsvermögen der Mitarbeiter hinsichtlich des Leistungsvermögens im Arbeitssystem sowie der logistischen Randbedingungen eine hohe Bedeutung zu.

Hiermit ist es gelungen, lokale, für die Mitarbeiter unmittelbar einsichtige Entscheidungskriterien und wirksame Stellgrößen der Abstimmungsfunktion zu entwickeln und zu nutzen. Ihre systematische Verbindung mit den Ergebnisgrößen des Arbeitssystems konnte hergeleitet, durch Kennlinien beschrieben und in Simulationsstudien nachgewiesen werden.

Die vorliegende Arbeit weist den Weg zu einer statistischen Theorie der Arbeitswirtschaft, welcher durch eine Verallgemeinerung des Anwendungsfeldes sowie eine weitergehende Erschließung grundlegender Zusammenhänge geebnet werden kann. Eine systematische Toleranzbetrachtung von Zeitgrößen macht selbige zum Erfolgsfaktor in einer kundennahen, wirtschaftlichen Produktion.

9 Literatur

ADAM 1997 — Adam, D.: Leitstand.
In: Bloech, J.; Ihde, G. (Hrsg.): Vahlens großes Logistiklexikon.
München : Vahlen, 1997, S. 527-528

AGGTELEKY 1990 — Aggteleky, B.: Fabrikplanung. Band 2. München : Hanser, 1990

ALDINGER 1985 — Aldinger, L.: Leitstandunterstützte kurzfristige Fertigungssteuerung bei Einzel- und Kleinserienfertigung. Berlin : Springer, 1985.
Zugl.: Stuttgart, Univ., Diss., 1985

ALTHOFF 1992 — Althoff, U.: Leistungssteigernde Mitarbeiterführung bei flexibler Automation. Düsseldorf : VDI-Verlag, 1992.
Zugl.: Braunschweig, Univ., Diss., 1992

ALTHOFF 1997 — Althoff, U.: Marktorientiertes Zeitwirtschafts- und Entgeltsystem.
In: wt 87 (1997) S. 519-522

ALTROGGE 1996 — Altrogge, G.: Netzplantechnik. München : Oldenbourg, 1996

ANTONI 1994 — Antoni, C.H.: Gruppenarbeit – mehr als ein Konzept.
In: Antoni, C.H. (Hrsg.): Gruppenarbeit in Unternehmen.
Weinheim : Psychologie Verlags Union, 1994, S. 19-48

ANTONI 1996 — Antoni, C.H.: Teilautonome Arbeitsgruppen.
Weinheim : Psychologie Verlags Union, 1996

ARBZG 1994 — ArbZG: Arbeitszeitgesetz vom 6.6.1994 (BGBl. I S. 1170)

ASHBY 1985 — Ashby, W.R.: Einführung in die Kybernetik.
Frankfurt : Suhrkamp, 1985

AUPPERLE 1997 — Aupperle, G.; Burr, G.: Der Leitstand: Werkzeug für dezentrale Organiationsformen?
In: Industrie Management Bd. 13 (1997) Sonderheft PPS-Management, S. P40-P45

BARTHOLOMEW 1979 — Bartholomew, D.J.: Statistical techniques for manpower planning.
Norwich (GB) : Wiley, 1979

BAUER 1994 — Bauer, F.; Groß, H.; Schilling, G.: Arbeitszeit '93.
Düsseldorf : MAGS, 1994

BECHTE 1981 — Bechte, W.: Steuerung der Durchlaufzeit durch belastungsorientierte Auftragsfreigabe bei Werkstattfertigung. Düsseldorf : VDI-Verlag, 1984. Zugl.: Hannover, Univ., Diss., 1981

BECKENDORFF 1991 — Beckendorff, U.: Reaktive Belegungsplanung für die Werkstattfertigung. Düsseldorf : VDI-Verlag, 1991. Zugl.: Hannover, Univ., Diss., 1991

BECKER 1995 — Becker, K. u. a.: Einführung von Gruppenarbeit. Köln : Bachem, 1995

BECKS 1998 — Becks, C.; Kaps, A.: Zeitdatenermittlung auch in Klein- und Mittelunternehmen. In: Angewandte Arbeitswissenschaft (1998) 155, S. 1-12

BEHRENDT 1996 — Behrendt, E.; Giest, G. (Hrsg.): Gruppenarbeit in der Industrie. Göttingen : Hogrefe, 1996

BERKEL 1984 — Berkel, K.: Konfliktforschung und Konfliktbewältigung. Berlin : Dunker & Humblot, 1984

BINKELMANN 1993 — Binkelmann, P.; Braczyk, H.J.; Seitz, R. (Hrsg.): Entwicklung der Gruppenarbeit in Deutschland. Frankfurt : Campus, 1993

BLOECH 1993 — Bloech, J.: Produktionsfaktoren. In: Wittmann, W. u. a. (Hrsg.): Handwörterbuch der Betriebswirtschaft. Stuttgart : Schäffer-Poeschel, 1993, S. 3405-3415

BOKRANZ 1986 — Bokranz, R.; John, B.: Arbeitsdatenermittlung. München : Resch, 1986

BOKRANZ 1991 — Bokranz, R.; Landau, K.: Einführung in die Arbeitswissenschaft. Stuttgart : Ulmer, 1991

BONITZ 1995 — Bonitz, D.: Evaluation von Arbeitssystemen. Frankfurt : Lang, 1995. Zugl.: Kassel, Gesamthochsch., Diss., 1994

BOSSEMEYER 1997 — Bossemeyer, A.: Dynamisches Zeitdaten-System. In: Angewandte Arbeitswissenschaft (1997) 154, S. 58-67

BOTHE 1995 — Bothe, H.-H.: Fuzzy Logic. Berlin : Springer, 1995

BOUTELLIER 1997 — Boutellier, R.; Schuh, G.; Seghezzi, H.D.: Industrielle Produktion und Kundennähe – ein Widerspruch? In: Schuh, G.; Wiendahl, H.-P. (Hrsg.): Komplexität und Agilität. Berlin : Springer, 1997, S. 41-63

BOX 1994 — Box, G.E.P.; Jenkins, G.M.; Reinsel, G.C.: Time Series Analysis. Englewood : Prentice Hall, 1994

BRAUN 1994 Braun, H.J.: Ein unscharfes Planungsverfahren zur mittelfristigen Personalkapazitätsanpassung für die bedarfsorientierte Serienproduktion. Berlin : Springer, 1994. Zugl.: Stuttgart, Univ., Diss., 1994

BREDEMEIER 1994 Bredemeier, K.; Schlegel, H.: Die Kunst der Visualisierung. Düsseldorf : ECON, 1994

BRONSTEIN 1981 Bronstein, I. N.; Semendjajew, K. A.: Taschenbuch der Mathematik. Thun; Frankfurt: Deutsch, 1981

BRUCK 1993 Bruck, A.: Entwurf und Implementierung eines Personalkapazitätsplanungssystems. Mannheim, Univ., Diss., 1993

BULLINGER 1993 Bullinger, H.-J. u. a.: Höhere Termintreue und Flexibilität durch zentrale Planung und Steuerung mit Leitständen? In: REFA-Nachrichten 46 (1993) 1, S. 17-25

BULLINGER 1994 Bullinger, H.-J.: Ergonomie. Stuttgart : Teubner, 1994

BULLINGER 1995 Bullinger, H.-J.: Arbeitsgestaltung. Stuttgart : Teubner, 1995

BULLINGER 1996 Bullinger, H.-J.: Erfolgsfaktor Mitarbeiter. Stuttgart : Teubner, 1996

BULLINGER 1997 Bullinger, H.-J.; Lott, C.-U.: Target Management. Frankfurt : Campus, 1997

BURDELSKI 1980 Burdelski, Th.: Univariable Zeitreihenanalyse und kurzfristige Prognose. Königstein : Hain, 1980. Zugl.: Karlsruhe, Univ., Diss., 1979

BUSCH 1990 Busch, E.: Zeitwirtschaft – Pfeiler der Produktivität. In: REFA (Hrsg.): Deutsches Industrial Engineering-Jahrbuch 1990. Darmstadt : REFA, 1990, S. 1-20

CHRYSSOLOURIS 1996 Chryssolouris, G.: Flexibility and its Measurement. In: Annals of the CIRP 45 (1996) 2, S. 581-587

CNYRIM 1993 Cnyrim, H.; Lehn, F.H.: Neue Wege in der Arbeitswirtschaft. In: AV 30 (1993) 2, S. 85-86

DANGELMAIER 1986 Dangelmaier, W.: Algorithmen und Verfahren zur Erstellung innerbetrieblicher Anordnungspläne. Berlin : Springer, 1986. Zugl.: Stuttgart, Univ., Habil., 1985

DAVIS 1991 — Davis, L. (Hrsg.): Handbook of Genetic Algorithms. New York : Van Nostrand, 1991

DEGEN 1997 — Degen, K.-H.: Ressourcenplanung in der Produktion. In: FB/IE Zeitschrift für Unternehmensentwicklung und Industrial Engineering 46 (1997) 1, S. 14-18

DIENSTDORF 1972 — Dienstdorf, B.: Kapazitätsanpassung durch flexiblen Personaleinsatz bei Werkstattfertigung. Aachen, Techn. Hochsch., Diss., 1972

DIN 8580 — Norm DIN 8580. 07.85: Fertigungsverfahren

DLR 1994 — Leitstände für die Werkstattfertigung. Ergebnisse des Verbundprojektes Planleit. Bremerhaven : Wirtschaftsverlag NW, 1994

DOMBROWSKI 1988 — Dombrowski, U.: Qualitätssicherung im Terminwesen der Werkstattfertigung. Düsseldorf : VDI-Verlag, 1988. Zugl.: Hannover, Univ., Diss., 1988

DRUMM 1995 — Drumm, H.-J.: Personalwirtschaftslehre. Berlin : Springer, 1995

EISSING 1993 — Eissing, G.: Arbeitsorganisation in Klein- und Mittelbetrieben. Köln : Bachem, 1993

EMORY 1964 — Emory, F.E.; Thorsrud, E.; Trist, E.: Industrielt Demokrati. Oslo : Universitetsvorlaget, 1964

EULER 1977 — Euler, H.P.: Das Konfliktpotential industrieller Arbeitsstrukturen. Opladen : Westdeutscher Verlag, 1977. Zugl.: Karlsruhe, Univ., Habil., 1974

EULER 1993 — Euler, H.P.: Arbeitsstrukturierung. In: Wobbe, G.; Hettinger, Th. (Hrsg.): Kompendium der Arbeitswissenschaft. Ludwigshafen : Kiehl, 1993. S. 503-566

EVERSHEIM 1997 — Eversheim, W.: Organisation in der Produktionstechnik. Bd. 3: Arbeitsvorbereitung. Düsseldorf : VDI-Verlag, 1997

EWALD 1989 — Ewald, A.: Organisation des strategischen Technologie-Managements. Berlin : E. Schmidt, 1989. Zugl.: Darmstadt, Techn. Hochsch., Diss., 1989

FASTABEND 1997 — Fastabend, H.: Kennliniengestützte Synchronisation von Fertigungs- und Montageprozessen. Düsseldorf : VDI-Verlag, 1997. Zugl.: Hannover, Univ., Diss., 1997

FIEGER 1995 — Fieger, A.; Toutenburg, H.: SPSS Trends für Windows. New York : Prentice Hall, 1995

FLATO 1995 Flato, E.: Einführung von Gruppenarbeit in der industriellen Fertigung. Eschborn : RKW, 1995

FLEIG 1995 Fleig, J.; Bauer, R.: Organisation und Partizipation ersetzen einen Fertigungsleitstand.
In: VDI-Z 137 (1995) 1, S. 26-32

FREMEREY 1993 Fremerey, F.: Erhöhung der Variantenflexibilität in Mehrmodell-Montagesystemen durch ein Verfahren der Leistungsabstimmung.
Berlin : Springer, 1993.
Zugl.: Stuttgart, Univ., Diss., 1992

FRÖHNER 1992 Fröhner, K.-D.; Schmager, B.: Leistungsverhalten in realen Arbeitssituationen bei Einzel- und Kleinserienfertigung.
In: Zeitschrift für Arbeitswissenschaft 46 (1992), S. 193-198

GABLER 1997 Gabler Wirtschafts-Lexikon. Wiesbaden : Gabler, 1997

GARVIN 1994 Garvin, D.A.: Das lernende Unternehmen I.
In: Harvard Business Manager (1994) Heft 1, S. 74-85

GEIGER 1996 Geiger, G.: REFA – den Wandel der Arbeitswelt mitgestalten.
In: Personal 48 (1996) 10, S. 516-520

GILBRETH 1911 Gilbreth, F.B.: Motion Study. New York : Van Nostrand, 1911

GLASER 1992 Glaser, H. u. a.: PPS. Grundlagen – Konzepte – Anwendungen.
Wiesbaden : Gabler, 1992

GOLENKO-GINZBURG 1988 Golenko-Ginzburg, D.: On the Distribultion of Activity Time in PERT.
In: Journal of the Operational Research Society 39 (1988) 8, S. 767-771

GÖLTENBOTH 1997 Göltenboth, H.: Arbeitsvorbereitung im Umbruch.
In: REFA-Nachrichten 50 (1997) 1, S. 20-26

GOMEZ 1997 Gomez, P.; Zimmermann, T.: Unternehmensorganisation. Sankt Galler Management-Konzept Bd.3. Frankfurt : Campus, 1997

GROB 1994 Grob, R.: Von Taylor zu „lean" – und wieder zurück?
In: FB/IE Zeitschrift für Unternehmensentwicklung und Industrial Engineering 43 (1994) 3, S. 122-127

GROB 1995 Grob, R.: Quo vadis Arbeitswirtschaft?
In: Angewandte Arbeitswissenschaft (1995) 145, S. 19-40

GROFFMANN 1992	Groffmann, H.-D.: Kooperatives Führungsinformationssystem. Wiesbaden : Gabler, 1992. Zugl.: Tübingen, Univ., Diss., 1992
GROSSNER 1997	Grossner, B.; Reif, A.: Fertigungs- und Arbeitsorganisation bei Gruppenarbeit. In: Angewandte Arbeitswissenschaft (1997) 154, S. 36-57
GRUNWALD 1996	Grunwald, W.: Die „Magische Sieben" – Psychologische Gesetzmäßigkeiten der Gruppenarbeit. In: FB/IE Zeitschrift für Unternehmensentwicklung und Industrial Engineering 45 (1996) 2, S. 91-96
GULOWSON 1972	Gulowson, J.: A Measure of Work Group Autonomy. In: Davis, L.E.; Taylor, J.C. (Hrsg.): Design of Jobs. Harmondsworth: Penguin Books, 1972, S. 374-390
GUNKEL 1997	Gunkel, W.; Krenzel, B.: Dynamische Bewirtschaftung von Gruppenarbeit in der Montage. In: VDI-Z 139 (1997) 1, S. 35-37
GUTENBERG 1983	Gutenberg, E.: Die Produktion. Berlin : Springer, 1983
HABICH 1990	Habich, M.: Handlungssynchronisation autonomer, dezentraler Dispositionszentren in flexiblen Fertigungsstrukturen. Bochum, Univ., Diss., 1990
HACK 1997	Hack, Th.: Simulationsgestützte Belegungsplanung in der Montage unter Berücksichtigung der Unschärfe. Aachen : Shaker, 1997. Zugl.: Aachen, Techn. Hochsch., Diss., 1997.
HACKSTEIN 1989	Hackstein, R.: Produktionsplanung und -steuerung. Düsseldorf : VDI-Verlag, 1989
HAFFNER 1989	Haffner, H.: Arbeitswirtschaft. In: Zeitschrift für Arbeitswissenschaft 4 (1989), S. 207-211
HAMMER 1991	Hammer, H.: Verfügbarkeitsanalyse von flexiblen Fertigunygssystemen. In: Gesellschaft für Fertigungstechnik (Hrsg.): FTK'91. Schriftliche Fassung der Vorträge zum Fertigungstechnischen Kolloquium am 1. und 2. Oktober 1991 in Stuttgart, S. 59-67
HANSMANN 1997	Hansmann, K.-W.: Industrielles Management. München : Oldenbourg, 1997

HARSCH 1995 Harsch, W.: Entwicklungstendenzen in der Zeitwirtschaft. In: REFA (Hrsg.): Den Erfolg vereinbaren. München : Hanser, 1995, S. 306-319

HARTUNG 1998 Hartung, J.: Statistik. München : Oldenbourg, 1998

HECKHAUSEN 1989 Heckhausen, H.: Motivation und Handeln. Berlin : Springer, 1989

HEINEMEYER 1994 Heinemeyer, W.: Die Fortschrittszahlen als logistisches Konzept in der Automobilindustrie. In: Corsten, H. (Hrsg.): Handbuch Produktionsmanagement. Wiesbaden : Gabler, 1994, S. 221-236

HEINZ 1996 Heinz, K.: Vorgabezeitermittlung. In: Kern, W. et al. (Hrsg.): Handwörterbuch der Produktionswirtschaft. Stuttgart : Schäffer-Poeschel, 1996. S. 2213-2225

HIRSCH 1993 Hirsch, B.; Krauth, J.; Vöge, M.: Anforderungen an Fertigungsleitstände. In: ZWF 88 (1993) 7-8, S. 358-360

HOEPEL 1997 Hoepel, H.-J.: Vorteile durch Entkopplung von Zeitwirtschaft und Entgelt. In: Bullinger, H.-J. u. a. (Hrsg.): Arbeitswirtschaft im Umbruch. Stuttgart : IRB-Verlag, 1997, S. 105-136

HOLT 1957 Holt, C.C.: Forecasting seasonals and trends by exponentially weighted moving averages. Carnegie Institute of Technology, Pittsburgh, 1957

HORVÁTH 1996 Horváth, P.: Controlling. München : Vahlen, 1996

HUTHMANN 1995 Huthmann, A.: Individualisierbare heuristische Einplanung für rechnerbasierte Leitstände. Berlin : Springer, 1995. Zugl.: Stuttgart, Univ., Diss., 1994

IMAI 1997 Imai, M.: Gemba Kaizen. Permanente Qualitätsverbesserung, Zeitersparnis und Kostensenkung am Arbeitsplatz. München : Langen Müller, Herbig, 1997

IWATA 1994 Iwata, K.; Onosato, M.: Random Manufacturing System: a New Concept of Manufacturing Systems for Production to Order. In: Annals of the CIRP 43 (1994) 1, S. 379-383

JOHN 1987 John, B.: Handbuch der Planzeiten-Praxis. München : Hanser, 1987

KALS 1995	Kals, H.J.J.; Zijm, W.H.M.: The integration of Process Planning and Shop Floor Scheduling in Small Batch Part Manufacturing. In: Annals of the CIRP 44 (1995) 1, S. 429-432
KALUZA 1993	Kaluza, B.: Betriebliche Flexibilität. In: Wittmann, W. u. a. (Hrsg.): Handwörterbuch der Betriebswirtschaft. Stuttgart : Schäffer-Poeschel, 1993, S. 1173-1184
KALUZA 1996	Kaluza, B.: Gruppen- und Inselfertigung. In: Kern, W. et al. (Hrsg.): Handwörterbuch der Produktionswirtschaft. Stuttgart : Schäffer-Poeschel, 1996. S. 613-622
KATH 1994	Kath, H.: Horizontale Abstimmung dezentraler Leitstandsysteme. Bochum, Ruhr-Univ., Diss., 1994
KERN 1962	Kern, W.: Die Messung industrieller Fertigungskapazitäten und ihrer Ausnutzung, Köln : Westdt. Verl., 1962. Zugl.: Darmstadt, Techn. Hochsch., Habil.-Schr.
KERN 1975	Kern, W.: Kapazität und Beschäftigung. In: Grochla, E.; Wittmann, W. (Hrsg.): Handwörterbuch der Betriebswirtschaft. Stuttgart : Schäffer-Poeschel, 1975, S. 2083-2089
KERN 1993	Kern, W.: Kapazität. In: Chmielewicz, K.; Schweitzer, M. (Hrsg.): Handwörterbuch des Rechnungswesens. Stuttgart : Schäffer-Poeschel, 1993, S. 1055-1063
KIESER 1992	Kieser, A.; Kubicek, H.: Organisation. Berlin: de Gruyter, 1992
KIRSCHBAUM 1995	Kirschbaum, V.: Unternehmenserfolg durch Zeitwettbewerb. München; Mering : Hampp, 1995. Zugl.: Hannover, Univ., Diss., 1995
KLEEBERG 1993	Kleeberg, K.: Kapazitätsorientierte Produktionssteuerung. Wiesbaden : Gabler, 1993. Zugl.: Hamburg, Univ. der Bundeswehr, Diss., 1993
KLEIN 1992	Klein, A.: Flexible Arbeitszeiten im Trend. Stuttgart : Fraunhofer-Institut für Arbeitswirtschaft und Organisation (IAO), 1992
KLINGEL 1997	Klingel, H.: Innovationen auf dem Gebiet des Werkzeugmaschinenbaus. In: Gesellschaft für Fertigungstechnik (Hrsg.): Stuttgarter Impulse: Innovation durch Technik und Organisation / Fertigungstechnisches Kolloquium am 11. und 12. November 1997, Stuttgart, S. 44-74
KNOLMAYER 1996	Knolmayer, G.: Auftragsbearbeitung. In: Kern, W. et al. (Hrsg.): Handwörterbuch der Produktionswirtschaft. Stuttgart : Schäffer-Poeschel, 1996. S. 183-194

KOETHER 1985 Koether, R.: Verfahren zur Verringerung von Modell-Mix-Verlusten in Fließmontagen. Stuttgart, Univ., Diss., 1985

KOGI 1991 Kogi, K.: Job content and working time: the scope for joint change. In: Ergonomics 34 (1991), S. 757-773

KOSSBIEL 1993 Kossbiel, H.: Personalplanung. In: Wittmann, W. u. a. (Hrsg.): Handwörterbuch der Betriebswirtschaft. Stuttgart : Schäffer-Poeschel, 1993, S. 3127-3140

KOSTURIAK 1995 Kosturiak, J. ; Gregor, M.: Simulation von Produktionssystemen. Wien : Springer, 1995

KRCMAR 1996 Krcmar, H.: Informationsproduktion. In: Kern, W. et al. (Hrsg.): Handwörterbuch der Produktionswirtschaft. Stuttgart : Schäffer-Poeschel, 1996. S. 717-728

KRÖLL 1997 Kröll, M.; Schnauber, H. (Hrsg.): Lernen in der Organiation durch Gruppen- und Teamarbeit. Berlin : Springer, 1997

KRONEBERG 1995 Kroneberg, M.: Benutzerwerkzeuge an Fertigungssteuerungsleitständen. Berlin : Springer, 1995. Zugl.: Stuttgart, Univ., Diss., 1994

KRUPPE 1996 Kruppe, E.: Unternehmen mit REFA-Instrumentarien erfolgreich führen. In: Personal 48 (1996) 10, S. 528-534

KÜHLING 1997 Kühling, M.; Thorlümke, K.: Die Kapazitätsbörse als Instrument einer kooperativen Fertigungssteuerung. In: Industrie Management 13 (1997) 4, S. 13-17

KUHN 1998 Kuhn, A.; Rabe, M. (Hrsg.): Simulation in Produktion und Logistik. Berlin : Springer, 1998

KURZ 1994 Kurz, J.: Ein Verfahren zur kostenorientierten Produktionsplanung bei losweiser Montage. Berlin : Springer, 1994. Zugl.: Stuttgart, Univ., Diss., 1993

LANDAU 1996 Landau, K.: Neue Ansätze der Zeitwirtschaft. In: REFA-Nachrichten 49 (1996) 6, S. 22-30

LAURIG 1992 Laurig, W.: Grundzüge der Ergonomie. Berlin; Köln : Beuth, 1992

LEDERER 1978 Lederer, K.-G.: Fertigungssteuerung bei flexiblen Arbeitsstrukturen. Mainz : Krausskopf, 1978. Zugl.: Stuttgart, Univ., Diss., 1977

LEHN 1992 Lehn, F.H.; Wetter, J.: Die Belegschaft gestaltet die Zeitwirtschaft. In: AV 29 (1992) 2, S. 67-70

LEONARD-BARTON 1994 Leonard-Barton, D.: Das lernende Unternehmen II. In: Harvard Business Manager (1994) Heft 1, S. 87-99

LEOPOLD 1997 Leopold, N.: Ein Planungsverfahren zur Kapazitätsabstimmung für Modell-Mix-Montagelinien am Beispiel einer Automobil-Endmontage. Berlin : Springer, 1997. Zugl.: Stuttgart, Univ., Diss., 1997

LINNENKOHL 1996 Linnenkohl, K. u. a.: Arbeitszeitflexibilisierung: 140 Unternehmen und ihre Modelle. Heidelberg : Verlag Recht und Wirtschaft, 1996

LOHR 1996 Lohr, D.: Dezentrale Produktionsbereiche bedarfsgenau steuern. In: ZWF 91 (1996) 10, S. 462-465

LÖLLMANN 1998 Löllmann, P.: Kundenorientierte Auftragseinplanung bei dezentralen Produktionsstrukturen. In: PPS Management 3 (1998) 1, S. 45-47

LUCZAK 1996A Luczak, H.: Arbeitswissenschaft. In: Kern, W. et al. (Hrsg.): Handwörterbuch der Produktionswirtschaft. Stuttgart : Schäffer-Poeschel, 1996, S. 147-157

LUCZAK 1996B Luczak, H.: Aufgabenintegration bei Anlagenführern. In: FB/IE Zeitschrift für Unternehmensentwicklung und Industrial Engineering 45 (1996) 4, S. 156-163

LUCZAK 1996C Luczak, H.: Arbeitsorganisation. In: Eversheim, W.; Schuh, G. (Hrsg.): Produktion und Management (Betriebshütte). Berlin : Springer, 1996. S. 12-39 – 12-74

LUCZAK 1998 Luczak, H.: Arbeitswissenschaft. Berlin : Springer, 1998

MACFARLANE 1993 MacFarlane, A.G.J.: Information, Knowledge and Control. In: v. Trentelmann, H.L.; Willems, J.C.: Essays on Control. Boston et al., 1993. S. 1-28

MAG 1986 Mag, W.: Einführung in die betriebliche Personalplanung. Darmstadt : Wissenschaftliche Buchgesellschaft, 1986

MANNMEUSEL 1997 Mannmeusel, Th.: Dezentrale Produktionslenkung unter Nutzung verhandlungsbasierter Koordinationsformen. Wiesbaden : DUV, 1997. Zugl.: Bamberg, Univ., Diss., 1997

MELARD 1984 Melard, G.: A fast algorithm for the exact likelihood of autoregressive-moving average models. In: Applied Statistics 33 (1984), S. 104-114

MERTENS 1994 Mertens, P. (Hrsg.): Prognoserechnung. Heidelberg : Physica, 1994

MERTENS 1996 Mertens, P.: Funktionen und Phasen der Produktionsplanung und -steuerung. In: Eversheim, W.; Schuh, G. (Hrsg.): Produktion und Management (Betriebshütte). Berlin : Springer, 1996. S. 14-11 – 14-60

MERTENS 1997 Mertens, P.: Integrierte Informationsverarbeitung, Bd. 1: Administrations- und Dispositionssysteme in der Industrie. Wiesbaden : Gabler, 1997

MEYER 1997 Meyer, R.; v. Graeve, M.: Management von Unternehmensdaten – das REFA-Konzept für die Zukunft. In: Bullinger u. a. (Hrsg.): Arbeitswirtschaft im Umbruch. Stuttgart : IRB-Verlag, 1997, S. 33-58

MIES 1997 Mies, C.: Der Kundenauftrag bestimmt den Feierabend. In: Lay, G.; Mies, C. (Hrsg.): Erfolgreich reorganisieren. Berlin : Springer, 1997, S. 183-205

MOLDASCHL 1994 Moldaschl, M.; Schultz-Wild, R. (Hrsg.): Arbeitsorientierte Rationalisierung. Frankfurt : Campus, 1994

MONTGOMERY 1976 Montgomery, D.; Johnson, L.: Forecasting and Time Series Analysis. New York : McGrawHill, 1976

MOSER 1995 Moser, M.: Entscheidungsunterstützung für die dezentrale Fertigungssteuerung. In: CIM Management 11 (1995) 5, S. 69-73

MUNDEL 1997 Mundel, M.: Now is the Time to Speak Out in Defense of Time Standards. In: IIE Solutions May 1997, S. 60-63

NEDESS 1996 Nedeß, Chr.: Die Arbeitsvorbereitung in der Neuen Fabrik. In: Industrie Management 12 (1996) 3, S. 43-47

NEUBERGER 1974 Neuberger, O.: Theorien der Arbeitszufriedenheit. Stuttgart : Kohlhammer, 1974

NEUMANN 1990 Neumann, K.: Stochastic Project Networks (Lecture Notes in Economics and Math. Systems, Vol. 344). Berlin : Springer, 1990

NEUMANN 1993 Neumann, K.; Morlock, M.: Operations Research. München : Hanser, 1993

NIEFER 1993 Niefer, H.: Planung, Einführung und Optimierung von Gruppenarbeit in der Teilefertigung. München : Hanser, 1993. Zugl.: Berlin, Techn. Univ., Diss., 1993

NYHUIS 1993 Nyhuis, F.; Bakke, N.: Kurzarbeit = Zeit für Überstunden. In: VDI-Z 135 (1993) 6, S. 65-72

OBENAUF 1985 Obenauf, J.: Beitrag zur Verbesserung der Organisation innerbetrieblicher Materialflußsysteme durch eine rechnergestützte Zeitwirtschaft. Dortmund, Univ., Diss., 1985

OLBRICH 1993 Olbrich, R.: Aufbau einer Zeitwirtschaft. Köln : Bachem, 1993. Zugl.: Dortmund, Univ., Diss., 1993

OTTERBEIN 1994 Otterbein, Th.: Eine objektorientierte Architektur für Leitstände zur Feinplanung. Berlin : Springer, 1994. Zugl.: Stuttgart, Univ., Diss., 1994

PACK 1974 Pack, L.: Elastizität. In: Grochla, E.; Wittmann, W. (Hrsg.) Handwörterbuch der Betriebswirtschaft. Stuttgart : Schäffer-Poeschel, 1974, S. 1251-1259

PAEGERT 1996 Paegert, Chr.; Vogeler, Chr.: Produktionsplanung und -steuerung 1996. In: FB/IE Zeitschrift für Unternehmensentwicklung und Industrial Engineering 45 (1996) 2, S. 53-64

PANICO 1991 Panico, J. A.: Work Standards. In: Salvendy, G. (Hrsg.): Handbook of Industrial Engineering. New York : Wiley, 1991, S. 1549-1574

PENZ 1996 Penz, T.: Wechselwirkungen technischer und logistischer Prodyuktionsprozesse und ihre Auswirkungen auf das Qualitätsmanagement. Düsseldorf : VDI-Verlag, 1996. Zugl.: Hannover, Univ., Diss., 1996

PETERMANN 1996 Petermann, D.: Modellbasierte Produktionsregelung. Düsseldorf : VDI-Verlag, 1996. Zugl.: Hannover, Univ., Diss., 1995

PROBST 1993 Probst, G.J.B.: Organisation. Landsberg am Lech : Verl. Moderne Industrie, 1993

PROBST 1998 Probst, G.J.B.; Büchel, B.S.T.: Organisationales Lernen. Wiesbaden : Gabler, 1998

REFA 1990 Planung und Gestaltung komplexer Produktionssysteme. München : Hanser, 1990

REFA 1997 Methodenlehre des Arbeitsstudiums, Teil 2: Datenermittlung. München : Hanser, 1997

REFA-NACHRICHTEN 1995 — Moderne Zeitwirtschaft in der Praxis (Interview). In: REFA-Nachrichten 48 (1995) 1, S. 5-7

REICHWALD 1991 — Reichwald, R.; Dietel, B.: Produktionswirtschaft. In: Heinen, E. (Hrsg.): Industriebetriebslehre. Wiesbaden : Gabler, 1991, S. 395-613

REINHART 1998 — Reinhart, G.; Lilay, W.-E.: Koordination dezentraler Produktionsstrukturen durch begleitende Simulation. In: ZWF 93 (1998) 1-2, S. 35-38

REMITSCHKA 1992 — Remitschka, R.: Erhebungstechniken. In: Frese, E. (Hrsg.): Handwörterbuch der Organisation. Stuttgart : Schäffer-Poeschel, 1992, S. 599-611

RINSCHEDE 1996 — Rinschede, M.; Schneider, B.: Wettbewerbsfaktor „Flexibilität“ in der Produktion. In: VDI-Z 138 (1996) 3, S. 60-64

RÖDENBECK 1996 — Rödenbeck, R.: Ganzheitliche Teamorganisation in der Umsetzung. In: FB/IE Zeitschrift für Unternehmensentwicklung und Industrial Engineering 45 (1996) 3, S. 125-132

RÖSCHLAU 1990 — Röschlau, M. (Gesamtleitung): Handbuch Personalplanung. Neuwied; Frankfurt : Luchterhand, 1990

ROSCHMANN 1997 — Roschmann, K.: Automatische Datenerfassung 1997. In: FB/IE Zeitschrift für Unternehmensentwicklung und Industrial Engineering 46 (1997) 5, S. 196-240

RUFFING 1991 — Ruffing, Th.: Fertigungssteuerung bei Fertigungsinseln. Köln : Verlag TÜV Rheinland, 1991. Zugl.: Saarbrücken, Univ., Diss., 1991

RUNZHEIMER 1990 — Runzheimer, B.: Operations Research. Wiesbaden : Gabler, 1990

SACHS 1997 — Sachs, L.: Angewandte Statistik. Berlin : Springer, 1997

SADER 1998 — Sader, M.: Psychologie der Gruppe. Weinheim; München : Juvena, 1998

SARKER 1994 — Sarker, B. u. a.: A survey and critical review of flexibility in manufacturing systems. In: Production Planning & Control 5 (1994) 6, S. 512-523

SAUERBREY 1996 — Sauerbrey, G.: „Alle, die an die neue Prosperität der AV glauben, werden bitter enttäuscht sein...“. In: AV 33 (1996) 4, S. 231-234

SCHANZ 1993 — Schanz, G.: Personalwirtschaftslehre. München : Vahlen, 1993

SCHEER 1995 — Scheer, A.-W.: Fertigungsleitstände – Vorhut eines generellen Organisationstrends. In: VDI-Z 137 (1995) 5, S. 62-68

SCHEER 1997 — Scheer, A.-W.: Wirtschaftsinformatik: Referenzmodelle für industrielle Geschäftsprozesse. Berlin : Springer, 1997

SCHERER 1996 — Scherer, E.: Koordinierte Autonomie und flexible Werkstattsteuerung. Zürich : vdf Hochschulverlag, 1996. Zugl.: Zürich, ETH, Diss., 1996

SCHLITTGEN 1995 — Schlittgen, R.; Streitberg, B.: Zeitreihenanalyse. München : Oldenbourg, 1995

SCHMIDT 1996 — Schmidt, B.: Integration von Arbeitsplanung und Fertigungssteuerung mit Netzarbeitsplänen. Düsseldorf : VDI-Verlag, 1996. Zugl.: Hannover, Univ., Diss., 1995.

SCHNEEWEISS 1990 — Schneeweiß, Chr.: Zur Definition und gegenseitigen Abgrenzung der Begriffe Flexibilität, Elastizität und Robustheit. In: zfbf 42 (1990) 5, S. 378-395

SCHNEEWEISS 1992 — Schneeweiß, Chr.: Kapazitätsorientiertes Arbeitszeitmanagement. Heidelberg : Physica, 1992

SCHNEEWEISS 1996 — Schneeweiß, Chr.: Flexibilität, Elastizität und Reagibilität. In: Kern, W. et al. (Hrsg.): Handwörterbuch der Produktionswirtschaft. Stuttgart : Schäffer-Poeschel, 1996, S. 489-501

SCHNEEWEISS 1997 — Schneeweiß, Chr.: Einführung in die Produktionswirtschaft. Berlin : Springer, 1997

SCHOLL 1995 — Scholl, A.: Balancing and Sequencing of Assembly Lines. Heidelberg : Physica, 1995. Zugl.: Darmstadt, Techn. Hochsch., Diss., 1995

SCHÖNEBURG 1994 — Schöneburg, E.; Heinzmann, F.; Feddersen, S.: Genetische Algorithmen und Evolutionsstrategien. Bonn : Addison-Wesley, 1994

SCHOTTEN 1998 — Schotten, M.: Aachener PPS-Modell. In: Luczak, H.; Eversheim, W. (Hrsg.): Produktionsplanung und -steuerung. Berlin : Springer, 1998, S. 9-28

SCHULTE 1994 Schulte, A.: Weniger Aufwand bei der Datenermittlung! In: Angewandte Arbeitswissenschaft (1994) 140, S. 1-20

SCHULTE 1997 Schulte, A.: Ohne arbeitsvorbereitende Tätigkeiten geht es nicht. Aber: Neue Fertigungsstrukturen erfordern eine andere Aufgabenverteilung. In: Angewandte Arbeitswissenschaft (1997) 152, S. 1-17

SCHULTE 1980 Schulte, B.: Wesen menschlicher Leistung. In: IfaA (Hrsg.): Taschenbuch der Arbeitsgestaltung. Köln : Bachem, 1980, S. 27-45

SCHULTE 1995 Schulte, J.: Werkstattsteuerung mit genetischen Algorithmen und simulativer Bewertung. Berlin : Springer, 1995. Zugl.: Stuttgart, Univ., Diss., 1994

SCHWARZE 1994 Schwarze, J.: Netzplantechnik. Herne : Verl. Neue Wirtschafts-Briefe, 1994

SCHWEITZER 1994 Schweitzer, M.: Gegenstand der Industriebetriebslehre. In: Schweitzer, M. (Hrsg.): Industriebetriebslehre. München : Vahlen, 1994. S. 1-60

SCHWEITZER 1996 Schweitzer, M.: Produktionswirtschaftliche Forschung. In: Kern, W. et al. (Hrsg.): Handwörterbuch der Produktionswirtschaft. Stuttgart : Schäffer-Poeschel, 1996. S. 1642-1656

SEITZ 1993 Seitz, D.: Gruppenarbeit in der Produktion. In: Binkelmann, P.; Braczyk, H.J.; Seitz, R. (Hrsg.): Entwicklung der Gruppenarbeit in Deutschland. Frankfurt : Campus, 1993

SELIGER 1995 Seliger, G.; Karl, H.: Gruppenarbeit in segmentierten Unternehmensstrukturen. In: ZWF 90 (1995) 12, S. 603-606

SIEGEMUND 1997 Siegemund, H.; v. Graeve, M.: Unternehmensdaten-Management und Geschäftsprozeßorganisation. In: FB/IE Zeitschrift für Unternehmensentwicklung und Industrial Engineering 46 (1997) 3, S. 139-141

SIMON 1993 Simon, A.: Wahl des geeigneten Datenermittlungsverfahrens. In: Angewandte Arbeitswissenschaft (1993) 137, S. 38-65

SIMON 1995 Simon, D.: Fertigungsregelung durch zielgrößenorientierte Planung und logistisches Störungsmanagement. Berlin : Springer, 1995. Zugl.: München, Univ., Diss., 1994

SPATZ 1993 Spatz, H. u. a.: Leitstände im Urteil der Mitarbeiter. In: FB/IE Zeitschrift für Unternehmensentwicklung und Industrial Engineering 42 (1993) 6, S. 300-305

SPENGLER 1993 Spengler, Th.: Lineare Entscheidungsmodelle zur Organisations- und Personalplanung. Heidelberg : Physica, 1993. Zugl.: Frankfurt, Univ., Diss., 1992

SPRENGER 1997 Sprenger, R.: Mythos Motivation. Frankfurt : Campus, 1997.

SPSS 1997 SPSS 7.5 Statistical Algorithms. (Handbuch zur Software). Chicago : SPSS Inc., 1997

SPUR 1991 Spur, G.: Vom Wandel der industriellen Welt durch Werkzeugmaschinen. München : Hanser, 1991

STADLER 1993 Stadler, H.; Wilhelm, S.: Einsatz von Fertigungsleitständen in der Industrie. In: CIM Management 9 (1993) 1, S. 39-44

STAUDT 1985 Staudt, E.: Kennzahlen und Kennzahlensysteme. Berlin : E. Schmidt, 1985

SWEET 1991 Sweet, A.L.: Time Series Forecasting. In: Salvendy, G. (Hrsg.): Handbook of Industrial Engineering. New York : Wiley, 1991, S. 2448-2460

TAYLOR 1913 Taylor, F.W.: The Principles of Scientific Management. New York : Harper & Row, 1913

TIKART 1994 Tikart, J.: Wohin steuert die Unternehmenspolitik? In: Gewerkschaftliche Monatshefte 45 (1994) 11, S. 685-698

TÖNSHOFF 1996 Tönshoff, H.-K.; Winkler, M.: Shop Control for Holonic Manufacturing Systems. In: Manufacturing Systems 25 (1996) 3, S. 277-281

TROGNITZ 1995 Trognitz, V.: Aktive Einbeziehung der gewerblichen Arbeitnehmer in die Datenermittlung. In: Angewandte Arbeitswissenschaft (1995) 144, S. 47-54

ULICH 1992 Ulich, E.: Arbeitspsychologie. Stuttgart : Schäffer-Poeschel, 1992

ULLMANN 1994 Ullmann, W.: Controlling logistischer Produktionsabläufe am Beispiel des Fertigungsbereichs. Düsseldorf : VDI-Verlag, 1994. Zugl.: Hannover, Univ., Diss., 1993

VÄHNING 1984 — Vähning, H.: Flexibilität von personalintensiven Montagesystemen bei Serienfertigung. Berlin : Springer, 1985.
Zugl.: Stuttgart, Univ., Diss., 1984

VDI 1993 — Richtlinie VDI 3633 Blatt 1. 12.93: Simulation von Logistik-, Materialfluß- und Produktionssystemen – Grundlagen

VDI 1997 — Richtlinie VDI 4008 Blatt 3 (Entwurf). 04.97: Markoff-Zustandsänderungsmodelle mit endlich vielen Zuständen

WARNECKE 1993 — Warnecke, H.J.: Der Produktionsbetrieb 1 – Organisation, Produkt, Planung. Berlin : Springer, 1993

WARNECKE 1994 — Warnecke, H.J.: Selbstorganisation im Produktionsbetrieb.
In: Gesellschaft für Fertigungstechnik (Hrsg.): Zukunftssicherung durch Innovation. Fertigungstechnisches Kolloquium am 8. und 9. November 1994 in Stuttgart, S. 19-35

WARNECKE 1995 — Warnecke, H.J. (Hrsg.): Aufbruch zum Fraktalen Unternehmen. Berlin : Springer, 1995

WARNECKE 1996A — Warnecke, H.J.: Die Fraktale Fabrik – Revolution der Unternehmenskultur. Reinbek : Rowohlt, 1996

WARNECKE 1996B — Warnecke, H.J.; Hüser, M.: Dynamische Merkmale von Gruppenarbeit.
In: Angewandte Arbeitswissenschaft (1996) 147, S. 15-30

WARNECKE 1996C — Warnecke, H.J.; Hüser, M.: Durchführungsdiagramm als Instrument zur Selbststeuerung von Arbeitsgruppen.
In: wt 86 (1996) 3, S. 100-104

WARNECKE 1997 — Warnecke, H.J.; Hüser, M.; Kaun, R.: A Matter of Scales.
In: Agility & Global Competition. New York : Wiley, 1997, S. 19-29

WEBER 1996 — Weber, W.: Personalwirtschaft.
In: Kern, W. et al. (Hrsg.): Handwörterbuch der Produktionswirtschaft. Stuttgart : Schäffer-Poeschel, 1996. S. 1381-1391

WEINBRECHT 1993 — Weinbrecht, J.: Ein Verfahren zur zielorientierten Reaktion auf Planabweichungen in der Werkstattregelung. Karlsruhe, Univ., Diss., 1993

WESTKÄMPER 1995 — Westkämper, E.; Unger, U.J.: Durchlaufzeitreduzierung mit Kommunikation unterhalb der PPS-Ebene.
In: ZWF 90 (1995) 3, S. 90-94

WESTKÄMPER 1997A — Westkämper, E.; Hüser, M.: Die Rolle der Zeitwirtschaft in wandlungsfähigen Unternehmensstrukturen. In: FB/IE Zeitschrift für Unternehmensentwicklung und Industrial Engineering 46 (1997) 1, S. 19-23

WESTKÄMPER 1997B — Westkämper, E.: Lernfähige Produktion. In: Gesellschaft für Fertigungstechnik (Hrsg.): Stuttgarter Impulse: Innovation durch Technik und Organisation. Fertigungstechnisches Kolloquium am 11. und 12. November 1997, Stuttgart, S. 226-244

WESTKÄMPER 1997C — Westkämper, E.: Produktion in Netzwerken. In: Schuh, G.; Wiendahl, H.-P. (Hrsg.): Komplexität und Agilität. Berlin : Springer, 1997, S. 277-291

WESTKÄMPER 1997D — Westkämper, E.; Weber, M.; Frank, G.: Prognose von Vorgabezeiten mit Neuronalen Netzen für variantenreiche Kleinserienprodukte. In: Industrie Management 13 (1997) 6, S. 33-37

WESTKÄMPER 1998A — Westkämper, E.; Balve, P.; Wiendahl, H.-H.: Auftragsmanagement in wandlungsfähigen Unternehmensstrukturen. In: PPS Management 3 (1998) 1, S. 22-26

WESTKÄMPER 1998B — Westkämper, E.; Hüser, M.: Toleranzen in der Zeitwirtschaft. In: ZWF 93 (1998) 5, S. 185-188

WIEDEMANN 1990 — Wiedemann, R.: EDV-gestützte Prognoseerstellung für univariate Zeitreihen. Frankfurt : Lang, 1990. Zugl.: Augsburg, Univ., Diss., 1988

WIEGLAND 1995 — Wiegland, R.: Integrierte Informationsverarbeitung zur Vorgabezeitbestimmung. München : Hanser, 1995. Zugl.: Darmstadt, Techn. Hochsch., Diss., 1995

WIENDAHL 1995 — Wiendahl, H.-P.: Produktionsplanung und -steuerung im Wandel. In: ZWF 90 (1995) 3, S. 82-85

WIENDAHL 1997A — Wiendahl, H.-P.: Betriebsorganisation für Ingenieure. München : Hanser, 1997

WIENDAHL 1997B — Wiendahl, H.-P.: Gestaltung wandlungsfähiger Fabrikstrukturen. In: Gesellschaft für Fertigungstechnik (Hrsg.): Stuttgarter Impulse: Innovation durch Technik und Organisation. Fertigungstechnisches Kolloquium am 11. und 12. November 1997 in Stuttgart, S. 175-198

WIENDAHL 1997C — Wiendahl, H.-P.: Fertigungsregelung. München : Hanser, 1997

WINTERS 1960 Winters, P.R.: Forecasting sales by exponentially weighted moving averages.
In: Management Sciences 6 (1960), S. 324-342

WITTMANN 1959 Wittmann, W.: Unternehmung und unvollkommene Information.
Köln : Westdt. Verl.: 1959

WOBBE 1993 Wobbe, G.: Arbeitsgestaltung.
In: Wobbe, G.; Hettinger, Th. (Hrsg.): Kompendium der Arbeitswissenschaft. Ludwigshafen : Kiehl, 1993. S. 503-566

ZÄPFEL 1989 Zäpfel, G.: Strategisches Produktionsmanagement.
Berlin : de Gruyter, 1989

ZIMMERMANN 1996A Zimmermann, G.: Faktorkombinationen.
In: Kern, W. et al. (Hrsg.): Handwörterbuch der Produktionswirtschaft. Stuttgart : Schäffer-Poeschel, 1996, S. 444-451

ZIMMERMANN 1996B Zimmermann, H.-J.: Fuzzy Set Theory – and its Applications.
Boston: Kluwer, 1996

ZIMMERMANN 1997 Zimmermann, H.-J.: Operation Research.
München : Oldenbourg, 1997

ZINK 1995 Zink, K.: Erfolgreiche Konzepte zur Gruppenarbeit.
Neuwied : Luchterhand, 1995

ZÜLCH 1993 Zülch, G.: Zur Rolle der Arbeitswissenschaft in der Fabrik der Zukunft.
In: Rohmert, W. (Hrsg.): Stand und Zukunft arbeitswissenschaftlicher Forschung und Anwendung. München : Hanser, 1993, S. 79-93

ZWICKY 1989 Zwicky, F.: Entdecken, Erfinden, Forschen im Morphologischen Weltbild. Glarus : Baeschlin, 1989

IPA Forschung und Praxis

Schriftenreihe aus dem Institut für Produktionstechnik und Automatisierung, Stuttgart

Herausgeber: Prof. Dr.-Ing. Dr. h. c. mult. H.-J. Warnecke

Datenerfassung im Produktionsbereich
Von E. Bendeich. ISBN 3-7830-0117-8.
1977, 176 Seiten, kartoniert. 54,— DM

Methodenauswahl für die Materialbewirtschaftung in Maschinenbau-Betrieben
Von H. Graf. ISBN 3-7830-0136-6.
1977, 144 Seiten, kartoniert. 54,— DM

Systematische Auswahl von Förderhilfsmitteln für den innerbetrieblichen Materialfluß
Von W. Rau. ISBN 3-7830-0139-0.
1977, 103 Seiten, kartoniert. 40,— DM

Grundlagen zur Planung von Ersatzteilfertigungen
Von E. Schulz. ISBN 3-7830-0138-2.
1977, 98 Seiten, kartoniert. 40,— DM

Rechnerunterstützte Fabrikplanung
Von B. Minten. ISBN 3-7830-0116-1.
1977, 124 Seiten, kartoniert. 38,— DM

Eine Planungsmethode für automatische Montagesysteme
Von H.-G. Löhr. ISBN 3-7830-0120-X.
1977, 108 Seiten, kartoniert. 32,— DM

Planung und Bewertung von Arbeitssystemen in der Montage
Von H. Metzger. ISBN 3-7830-0131-5.
1977, 108 Seiten, kartoniert. 40,— DM

Klassifizierungssystem für Prüfmittel der industriellen Längenprüftechnik
Von R. Czetto. ISBN 3-7830-0144-7.
1978, 181 Seiten, kartoniert. 64,— DM

Rechnerunterstützte Montageplanung
Von O. Hirschbach. ISBN 3-7830-0149-8.
1978, 146 Seiten, kartoniert. 52,— DM

Rechnerunterstützte Entwicklung von Simulationsmodellen für Unternehmensplanspiele
Von A. Moker. ISBN 3-7830-0147-1.
1978, 181 Seiten, kartoniert. 64,— DM

Arbeitsplatzanalysen zur Ermittlung der Einsatzmöglichkeiten und Anforderungen an Industrieroboter
Von G. Herrmann. ISBN 37830-0151-X.
1978, 113 Seiten, kartoniert. 40,— DM

MFSP — Ein Verfahren zur Simulation komplexer Materialflußsysteme
Von G. Stemmer. ISBN 3-7830-0118-8.
1977, 140 Seiten, kartoniert. 60,— DM

Berührungslose Erkennung durch Positionsbestimmung von Objekten durch inkohärent-optische Korrelation
Von M. König. ISBN 3-7830-0137-4.
1977, 110 Seiten, kartoniert. 40,— DM

Auslegung von Störungspuffern in kapitalintensiven Fertigungslinien
Von R. v. Stetten. ISBN 3-7830-0140-4.
1977, 154 Seiten, kartoniert. 56,— DM

Flexible Transportablaufsteuerung
Von G. Römer. ISBN 3-7830-0114-5.
1977, 188 Seiten, kartoniert. 60,— DM

Rechnergestützte Realplanung von Fabrikanlagen
Von T.-K. Sauter. ISBN 3-7830-0119-6.
1977, 108 Seiten, kartoniert. 32,— DM

Systematisches Auswählen und Konzipieren von programmierbaren Handhabungsgeräten
Von R. D. Schraft. ISBN 3-7830-0115-3.
1977, 108 Seiten, kartoniert. 32,— DM

Auslandsproduktion
Von W. Cypris. ISBN 3-7830-0145-5.
1978, 126 Seiten, kartoniert. 42,— DM

Wirtschaftlicher Einsatz von Mehrkoordinatenmeßgeräten
Von M. Dietzsch. ISBN 3-7830-0148-X.
1978, 142 Seiten, kartoniert. 52,— DM

Fertigungssteuerung bei flexiblen Arbeitsstrukturen
Von K.-G. Lederer. ISBN 3-7830-0146-3.
1978, 128 Seiten, kartoniert. 42,— DM

Untersuchungen zum Polieren und Entgraten durch elektrochemisches Oberflächenabtragen
Von K. Zerweck. ISBN 3-7830-0150-1.
1978, 110 Seiten, kartoniert. 40,— DM

Stufenweise Ableitung eines praktischen Planungssystems für den Entwicklungsbereich
Von R. Hichert. ISBN 3-7830-0149-8.
1978, 151 Seiten, kartoniert. 52,– DM

Produktionsplanung mit Auftragsfamilien
Von U. W. Geitner. ISBN 3-7830-0161.7.
1979, 110 Seiten, kartoniert. 45,– DM

Thermisch-chemisches Entgraten
Von T. Wagner. ISBN 3-7830-0164-1.
1979, 111 Seiten, kartoniert. 45,– DM

Untersuchung der Materialflußkosten bei ausgewählten Systemen der Zentralen Arbeitsverteilung
Von R. Wenzel. ISBN 3-7830-0162-5.
1979, 168 Seiten, kartoniert. 86,– DM

Anpassung und Einführung eines Planungssystems für die Ablaufplanung im Konstruktionsbereich
Von W. Dangelmaier. ISBN 3-7830-0163-3.
1979, 168 Seiten, kartoniert. 80,– DM

Längenmessungen an bewegten Teilen mit berührungslos wirkenden Aufnehmern
Von H. Lang. ISBN 3-7830-0157-9
1979, 89 Seiten, kartoniert. 42,– DM

Untersuchung multistabiler Strömungselemente und ihr Einsatz in sequentiellen Steuerungen
Von A. Ernst. ISBN 3-7830-0157-9.
1979, 122 Seiten, kartoniert. 48,– DM

Taktile Sensoren für programmierbare Handhabungsgeräte
Von M. Schweizer. ISBN 3-7830-0158-7.
1979, 91 Seiten, kartoniert. 42,– DM

Die rechnerunterstützte Prüfplanung
Von P. Blasing. ISBN 3-7830-0152-8.
1979, 100 Seiten, kartoniert. 44,– DM

Verfahren zur Fabrikplanung im Mensch-Rechner-Dialog am Bildschirm
Von W. Ernst. ISBN 3-7830-0156-0.
1979, 218 Seiten, kartoniert. 72,– DM

Rechnerunterstütztes Verfahren zur Leistungsabstimmung von Mehrmodell-Montagesystemen
Von M. Gorke. ISBN 3-7830-0155-2.
1979, 139 Seiten, kartoniert 50,– DM

Standortbezogene Betriebsmittel
Von G. Pflieger. ISBN 3-7830-0167-6.
1979, 127 Seiten, kartoniert. 52,– DM

Die betriebswirtschaftliche Beurteilung neuer Arbeitsformen
Von B.-H. Zippe. ISBN 3-7830-0168-4.
1979, 350 Seiten, kartoniert. 98,– DM

Untersuchung des Arbeitsverhaltens programmierbarer Handhabungsgeräte
Von B. Brodbeck. ISBN 3-7830-0169-2.
1979, 117 Seiten, kartoniert. 48,– DM

Untersuchung eines kohärent-optischen Verfahrens zur Rauheitsmessung
Von N. Rau. ISBN 3-7830-0174-9
1979, 117 Seiten, kartoniert 48,– DM

Entwicklung einer programmierbaren, pneumatischen Steuerung
Von D. Klemenz. ISBN 3-7830-0171-4.
1979, 93 Seiten, kartoniert. 42,– DM

IPA Forschung und Praxis

Berichte aus dem Fraunhofer-Institut für Produktionstechnik und Automatisierung, Stuttgart, und dem Institut für Industrielle Fertigung und Fabrikbetrieb der Universität Stuttgart

Herausgeber: Prof. Dr.-Ing. Dr. h. c. mult. H.-J. Warnecke

---

38 **Arbeitsgangterminierung mit variabel strukturierten Arbeitsplänen — Ein Beitrag zur Fertigungssteuerung flexibler Fertigungssysteme**
Von U. Maier. ISBN 3-540-10213-2.
1980, 111 Seiten mit 45 Abbildungen. 43.– DM

39 **Kapazitätsabgleich bei flexiblen Fertigungssystemen**
Von P. S. Nieß. ISBN 3-540-10372-4.
1980, 151 Seiten mit 57 Abbildungen. 48.– DM

40 **Schichtdickenverteilung auf galvanisierten Paßteilen am Beispiel kleiner abgesetzter Wellen und Bohrungen**
Von D. Wolfhard. ISBN 3-540-10373-2.
1980, 177 Seiten mit 83 Abbildungen. 48.– DM

41 **Planung von Mehrstellenarbeit unter Berücksichtigung von Umfeldaufgaben**
Von S. Häußermann. ISBN 3-540-10374-0.
1980, 136 Seiten mit 59 Abbildungen. 48.– DM

42 **Untersuchungen zur Schmierfilmdicke in Druckluftzylindern — Beurteilung der Abstreifwirkung und des Reibungsverhaltens von Pneumatikdichtungen mit Hilfe eines neu entwickelten Schmierfilmdicken-meßverfahrens**
Von R. Kohnlechner. ISBN 3-540-10375-9.
1980, 100 Seiten mit 38 Abbildungen und 4 Tabellen. 43.– DM

43 **Typologie zum überbetrieblichen Vergleich von Fertigungssteuerungsverfahren im Maschinenbau**
Von G. Rabus. ISBN 3-540-10376-7.
1980, 174 Seiten mit 88 Abbildungen und 21 Tafeln. 48.– DM

44 **System zur Planung des Umlaufbestandes in Betrieben mit Serienfertigung**
Von K.-G. Wilhelm. ISBN 3-540-10377-5.
1980, 142 Seiten mit 67 Abbildungen und 15 Tafeln. 48.– DM

45 **Rechnerunterstützte Arbeitsplanerstellung mit Kleinrechnern, dargestellt am Beispiel der Blechbearbeitung**
Von W. Hoheisel. ISBN 3-540-10505-0.
1981, 169 Seiten mit 74 Abbildungen. 48.– DM

46 **Beitrag zur Verbesserung der Wirtschaftlichkeit EDV-unterstützter Fertigungssteuerungssysteme durch Schwachstellenanalyse**
Von J. Lienert. ISBN 3-540-10506-9.
1981, 148 Seiten mit 37 Abbildungen. 48.– DM

47 **Die Abscheidung von Öl an Entlüftungsöffnungen drucklufttechnischer Anlagen**
Von W.-D. Kiessling. ISBN 3-540-10604-9.
1981, 117 Seiten mit 48 Abbildungen und 3 Tabellen. 43.– DM

48 **Dynamische Optimierung technisch-ökonomischer Systeme**
Von J. Warschat. ISBN 3-540-10717-7.
1981, 132 Seiten mit 60 Abbildungen. 43.– DM

49 **Bildsensor zur Mustererkennung und Positionsmessung bei programmierbaren Handhabungsgeräten**
Von H. Geißelmann. ISBN 3-540-10735-5.
1981, 125 Seiten mit 52 Abbildungen. 43.– DM

50 **Verfügbarkeitsberechnung für komplexe Fertigungseinrichtungen**
Von Ekkehard Gericke. ISBN 3-540-10779-7.
1981, 132 Seiten mit 71 Abbildungen. 43.– DM

51 **Materialflußgestaltung in Fertigungssystemen**
Von Willi Rößner. ISBN 3-540-10888-2.
1981, 149 Seiten mit 76 Abbildungen. 48.– DM

52 **Beitrag zur Analyse der Auswirkungen der Mikroelektronik, dargestellt am Beispiel der Büromaschinen-Industrie**
Von Werner Neubauer. ISBN 3-540-10991-9.
1981, 145 Seiten mit 27 Abbildungen und 47 Tabellen. 43.– DM

53 **Modelle von Informationssystemen zur kurzfristigen Fertigungssteuerung und ihre Gestaltung nach betriebsspezifischen Gesichtspunkten**
Von Roland Gentner. ISBN 3-540-10992-7.
1981, 181 Seiten mit 69 Abbildungen und 7 Tabellen. 48.– DM

54 **Entwicklung von Verfahren zur Terminplanung und -steuerung bei flexiblen Montagesystemen**
Von Jürgen H. Kölle. ISBN 3-540-11227-8.
1981, 132 Seiten mit 64 Abbildungen und 1 Faltplan. 43.– DM

55 **Arbeits- und Kapazitätsteilung in der Montage**
Von Stefan Dittmayer. ISBN 3-540-11228-6.
1981, 124 Seiten und 56 Abbildungen. 43.– DM

56 **Beitrag zur systematischen Planung der Qualitätsprüfung bei Klein- und Mittelserienfertigung**
Von Herbert Babic. ISBN 3-540-11325-8
1982, 108 Seiten mit 38 Abbildungen und 7 Tabellen. 53.– DM

57 **Methode zur rechnerunterstützten Einsatzplanung von programmierbaren Handhabungsgeräten**
Von Uwe Schmidt-Streier. ISBN 3-540-11355-X.
1982, 188 Seiten mit 72 Abbildungen. 53.– DM

58 **Werkstoff- und Energiekennwerte industrieller Lackieranlagen, am Beispiel der Automobilindustrie**
Von Rainer Manfred Thiel. ISBN 3-540-11356-8.
1982, 116 Seiten mit 59 Abbildungen. 53.– DM

59 **Maßnahmen zum Verbessern der pneumatischen Lackzerstäubung – Teilchengrößenbestimmung im Spritzstrahl –**
Von Klaus Werner Thomer. ISBN 3-540-11507-2.
1982, 162 Seiten mit 94 Abbildungen und 1 Tabelle. 53.– DM

60 **Ermittlung und Bewertung von Rationalisierungsmaßnahmen im Produktionsbereich**
Von Jürgen Schilde. ISBN 3-540-11730-X.
1982, 158 Seiten mit 57 Abbildungen. 53.– DM

61 **Untersuchung von Verfahren der Reihenfolgeplanung und ihre Anwendung bei Fertigungszellen**
Von Mohamed Osman. ISBN 3-540-11747-4.
1982, 124 Seiten mit 32 Abbildungen und 3 Tabellen. 53.– DM

62 **Ein Simulationsmodell zur Planung gruppentechnologischer Fertigungszellen**
Von Volker Saak. ISBN 3-540-11747-4.
1982, 134 Seiten mit 53 Abbildungen. 53.– DM

63 **Verfahren zur technischen Investitionsplanung automatisierter Fertigungsanlagen**
Von Günter Vettin. ISBN 3-540-11747-4.
1982, 134 Seiten mit 63 Abbildungen. 53.– DM

64 **Pneumatische Sensoren zur prozeßsimultanen Messung des Werkzeugverschleißes und zur Kollisionsvermeidung beim Messerkopffräsen**
Von Wolfgang Jentner. ISBN 3-540-11747-4.
1982, 126 Seiten mit 47 Abbildungen und 6 Tabellen. 53.– DM

65 **Rechnerunterstützte Gestaltung ortsgebundener Montagearbeitsplätze, dargestellt am Beispiel kleinvolumiger Produkte**
Von Eberhard Haller. ISBN 3-540-12015-7.
1982, 130 Seiten mit 43 Abbildungen. 53.– DM

66 **Fernsehüberwachung von Schutzgasschweißvorgängen mit abschmelzender Elektrode MIG – MAG**
Von Ruprecht Niepold. ISBN 3-540-12181-7.
1983, 178 Seiten mit 73 Abbildungen und 5 Tabellen. 58.– DM

67 **Entwicklung flexibler Ordnungssysteme für die Automatisierung der Werkstückhandhabung in der Klein- und Mittelserienfertigung**
Von Karl Weiss. ISBN 3-540-12455-1.
1983, 116 Seiten mit 68 Abbildungen. 58.– DM

68 **Automatisierte Überwachungsverfahren für Fertigungseinrichtungen mit speicherprogrammierten Steuerungen**
Von Werner Eißler. ISBN 3-540-12456-X.
1983, 128 Seiten mit 66 Abbildungen. 58.– DM

69 **Prozeßüberwachung beim Galvanoformen**
Von Jürgen Wilhelm Böcker. ISBN 3-540-12457-8.
1983, 118 Seiten mit 32 Abbildungen. 58.– DM

70 **LAPEX – Ein rechnerunterstütztes Verfahren zur Betriebsmittelzuordnung**
Von Stephan Mayer. ISBN 3-540-12490-X.
1983, 162 Seiten mit 34 Abbildungen und 2 Tabellen. 58.– DM

71 **Gestaltung eines integrierten Produktionssystems für die Sortenfertigung unter Einsatz der Clusteranalyse**
Von Gerald Weber. ISBN 3-540-12650-3.
1983, 194 Seiten mit 54 Abbildungen. 58.– DM

72 **Gußputzen mit sensorgeführten, programmierbaren Handhabungsgeräten**
Von Eberhard Abele. ISBN 3-540-12651-1.
1983, 133 Seiten mit 66 Abbildungen. 58,– DM

73 **Untersuchungen zur Herstellung und zum Einsatz galvanogeformter Erodierelektroden**
Von Harald Müller. ISBN 3-540-12822-0.
1983, 148 Seiten mit 78 Abbildungen. 58,– DM

74 **Ein Beitrag zur Optimierung der Prozeßführungsstrategien automatisierter Förder- und Materialflußsysteme**
Von Hans Steffens. ISBN 3-540-12968-5.
1983. 161 Seiten mit 60 Abbildungen. 58,– DM

75 **Entwicklung eines Verfahrens zur wertmäßigen Bestimmung der Produktivität und Wirtschaftlichkeit von Personalentwicklungsmaßnahmen in Arbeitsstrukturen**
Von Christian Müller. ISBN 3-540-13041-1.
1983. 129 Seiten mit 34 Abbildungen. 58,– DM

76 **Berechnung der Gestaltänderung von Profilen infolge Strahlverschleiß**
Von Wolfgang Marx. ISBN 3-540-13054-3.
1983. 121 Seiten mit 58 Abbildungen. 58,– DM

77 **Algorithmen zur flexiblen Gestaltung der kurzfristigen Fertigungssteuerung**
Von Rudolf E. Scheiber. ISBN 3-540-13500-6.
1984, 150 Seiten mit 73 Abbildungen und 1 Tabelle. 63.– DM

78 **Galvanisieren mit moduliertem Strom**
Von Jürgen Wolfgang Mann. ISBN 3-540-13733-5.
1984, 145 Seiten und 58 Abbildungen. 63,– DM

79 **Fluoreszenzmeßverfahren zur Schmierfilmdickenmessung in Wälzlagern**
Von Wolfgang Schmutz. ISBN 3-540-13777-7.
1984, 141 Seiten und 66 Abbildungen. 63,– DM

IPA-IAO Forschung und Praxis

Berichte aus dem Fraunhofer-Institut für Produktionstechnik und Automatisierung (IPA), Stuttgart, Fraunhofer-Institut für Arbeitswirtschaft und Organisation (IAO), Stuttgart, und Institut für Industrielle Fertigung und Fabrikbetrieb der Universität Stuttgart

Herausgeber: Prof. Dr.-Ing. Dr. h. c. mult. H.-J. Warnecke und Prof. Dr.-Ing. habil. Prof. E. h. Dr. h. c. H.-J. Bullinger

---

0 **Flexibilität und Kapazität von Werkstückspeichersystemen**
Von Bernhard Graf. ISBN 3-540-13970-2.
1984, 115 Seiten mit 71 Abbildungen. 63,– DM

1 **Flexible Fertigungssysteme**
17. IPA-Arbeitstagung zusammen mit der 3. Internationalen Konferenz „Flexible Manufacturing Systems (FMS-3)", ISBN 3-540-13807-2.
1984, 249 Seiten mit zahlreichen Abbildungen. 118,– DM

2 **Integrierte Bürosysteme**
3. IAO-Arbeitstagung. ISBN 3-540-13978-8.
1984, 633 Seiten mit zahlreichen Abbildungen. 168,– DM

1 **Rechnerunterstützte Planung von Montageablaufstrukturen für Erzeugnisse der Serienfertigung**
Von Ernst-Dieter Ammer. ISBN 3-540-15056-0.
1985, 120 Seiten mit 1 Faltblatt und 33 Abbildungen. 63,– DM

2 **Flexibilität von personalintensiven Montagesystemen bei Serienfertigung**
Von Heinrich Vähning. ISBN 3-540-15093-5.
1985, 152 Seiten mit 49 Abbildungen. 63,– DM

3 **Ordnen von Werkstücken mit programmierbaren Handhabungsgeräten und Werkstückerkennungssensoren**
Von Ingo Schmidt. ISBN 3-540-15375-6.
1985, 111 Seiten mit 66 Abbildungen. 63,– DM

4 **Systematische Investitionsplanung**
Von Jorge Moser. ISBN 3-540-15370-5.
1985, 190 Seiten mit 69 Abbildungen. 63,– DM

3 **Montage · Handhabung · Industrieroboter**
Internationaler MHI-Kongreß im Rahmen der Hannover-Messe '85. ISBN 3-540-15500-7.
1985, 267 Seiten mit zahlreichen Abbildungen. 128,– DM

5 **Flexible Montagesysteme – Konzeption und Feinplanung durch Kombination von Elementen**
Von Peter Konold / Bernd Weller. ISBN 3-540-15606-2.
1985, 162 Seiten mit 71 Abbildungen und 9 Tabellen. 63,– DM

4 **Menschen · Arbeit · Neue Technologien**
4. IAO-Arbeitstagung zusammen mit der 2. Internationalen Konferenz „Human Factors in Manufacturing". ISBN 3-540-15763-8.
1985, 442 Seiten mit zahlreichen Abbildungen. 168,– DM

6 **Leitstandunterstützte kurzfristige Fertigungssteuerung bei Einzel- und Kleinserienfertigung**
Von Lothar Aldinger. ISBN 3-540-15903-7.
1985, 151 Seiten mit 49 Abbildungen und 2 Tabellen. 63,– DM

7 **Bestimmen des Bürstenverhaltens anhand einer Einzelborste**
Von Klaus Przyklenk. ISBN 3-540-15956-8.
1985, 117 Seiten mit 74 Abbildungen. 63,– DM

8 **Montage großvolumiger Produkte mit Industrierobotern**
Von Jörg Walther. ISBN 3-540-16027-2.
1985, 125 Seiten mit 58 Abbildungen. 63,– DM

9 **Algorithmen und Verfahren zur Erstellung innerbetrieblicher Anordnungspläne**
Von Wilhelm Dangelmaier. ISBN 3-540-16144-9.
1986, 268 Seiten mit 79 Abbildungen. 68,– DM

0 **Bewertung der Instandhaltung von Fertigungssystemen in der technischen Investitionsplanung**
Von Hagen U. Uetz. ISBN 3-540-16166-X.
1986, 129 Seiten mit 38 Abbildungen. 68,– DM

1 **Entgraten durch Hochdruckwasserstrahlen**
Von Manfred Schlatter. ISBN 3-540-16172-4.
1986, 167 Seiten mit 89 Abbildungen und 18 Tabellen. 68,– DM

2 **Werkstückorientierte Verfahrensauswahl zum Gußputzen mit Industrierobotern**
Von Wolfgang Sturz. ISBN 3-540-16224-0.
1986, 156 Seiten mit 59 Abbildungen. 68,– DM

3 **Verfahren zur Verringerung von Modell-Mix-Verlusten in Fließmontagen**
Von Reinhard Koether. ISBN 3-540-16499-5.
1986, 175 Seiten mit 46 Abbildungen und 1 Tabelle. 68,– DM

4 **Entwicklung und Einsatz eines interaktiven Verfahrens zur Leistungsabstimmung von Montagesystemen**
Von Günter Schad. ISBN 3-540-16978-4.
1986, 120 Seiten mit 31 Abbildungen und 1 Tabelle. 68,– DM

95 **Qualifizierung an Industrierobotern**
Von Wolfgang Bachl. ISBN 3-540-17018-9.
1986, 218 Seiten mit 30 Abbildungen. 68,– D

96 **Rechnersimulation des Beschichtungsprozesses beim Elektrotauchlackieren – Anwendung zum Berechnen des Umgriffs**
Von Otto Baumgärtner. ISBN 3-540-17102-9.
1986, 113 Seiten mit 42 Abbildungen. 68,– D

97 **Ergonomische Gestaltung von Rotationsstellteilen für grob- und sensomotorische Tätigkeiten**
Von Werner F. Muntzinger. ISBN 3-540-17247-5.
1986, 135 Seiten mit 51 Abbildungen und 33 Tabellen. 68,– D

98 **Die optische Rauheitsmessung in der Qualitätstechnik**
Von R.-J. Ahlers. ISBN 3-540-17242-4.
1986, 133 Seiten mit 56 Abbildungen und 2 Tabellen. 68,– D

99 **Maschinelle Spracherkennung zur Verbesserung der Mensch-Maschine-Schnittstelle**
Von Gerhard Rigoll. ISBN 3-540-17350-1.
1986, 134 Seiten mit 55 Abbildungen. 68,– D

100 **Konzeption und Auswahl modularer Magazinpaletten**
Von Thomas Zipse. ISBN 3-540-17584-9.
1987, 126 Seiten mit 54 Abbildungen. 68,– D

101 **Anschlüsse an Kupferrohre – Herstellung und Automatisierungsmöglichkeit**
Von Eberhard Rauschnabel. ISBN 3-540-17807-4.
1987, 120 Seiten mit 88 Abbildungen. 68,– D

102 **Mengen- und ablauforientierte Kapazitätsplanung von Montagesystemen**
Von Hans Sauer. ISBN 3-540-17815-5.
1987, 156 Seiten mit 64 Abbildungen. 68,– D

103 **Verfahrensinstrumentarium zur Werkstückauswahl und Auslegung von Industrieroboterschweißsystemen**
Von Herbert Gzik. ISBN 3-540-17928-3.
1987, 138 Seiten mit 56 Abbildungen. 68,– D

104 **Integration von Förder- und Handhabungseinrichtungen**
Von Joachim Schuler. ISBN 3-540-17955-0.
1987, 153 Seiten mit 61 Abbildungen. 68,– D

105 **Produktionsmengen- und -terminplanung bei mehrstufiger Linienfertigung**
Von H. Kühnle. ISBN 3-540-18038-9.
1987, 124 Seiten mit 25 Abbildungen. 68,– D

106 **Untersuchung des Plasmaschneidens zum Gußputzen mit Industrierobotern**
Von Jong-Oh Park. ISBN 3-540-18037-0.
1987, 142 Seiten mit 70 Abbildungen. 68,– D

107 **Fügen von biegeschlaffen Steckkontakten mit Industrierobotern**
Von Daegab Gweon. ISBN 3-540-18134-2.
1987, 115 Seiten mit 13 Abbildungen. 68,– D

108 **Entwicklung eines biomechanischen Modells des Hand-Arm-Systems**
Von Georgios Tsotsis. ISBN 3-540-18135-0.
1987, 163 Seiten mit 45 Abbildungen. 68,– DM

109 **Ein Beitrag zur Planungssystematik für die automatisierte flexible Blechteilefertigung**
Von Thomas Weber. ISBN 3-540-18136-9.
1987, 149 Seiten mit 56 Abbildungen. 68,– DM

110 **Entwicklung eines Meßverfahrens zur Bestimmung des Positionier- und Orientierungsverhaltens von Industrierobotern**
Von Günter Schiele. ISBN 3-540-18137-7.
1987, 116 Seiten mit 48 Abbildungen. 68,– DM

111 **Schwingungsbelastung beim Arbeiten mit handgeführten, einachsigen Motormähgeräten**
Von Peter Kern. ISBN 3-540-18193-8.
1987, 145 Seiten mit 43 Abbildungen und 5 Tabellen. 68,– DM

112 **Entwicklung eines berührungslosen Tastsystems für den Einsatz an Koordinatenmeßgeräten**
Von Hie-Sik Kim. ISBN 3-540-18578-X.
1987, 111 Seiten mit 62 Abbildungen und 4 Tabellen. 68,– DM

113 **Qualifizierung an Industrierobotern – Ziele, Inhalte und Methoden**
Von Volker Korndörfer. ISBN 3-540-18618-2.
1987, 318 Seiten mit 100 Abbildungen. 68,– DM

114 **Funktional und räumlich variables und modulares Laborgerätesystem**
Von Alfred Mack. ISBN 3-540-18786-3.
1988, 116 Seiten mit 39 Abbildungen. 73,– DM

115 **Produktrecycling im Maschinenbau**
Von Rolf Steinhilper. ISBN 3-540-18849-5.
1988, 167 Seiten mit 50 Abbildungen. 73,– DM

116 **Integration der montagegerechten Produktgestaltung in den Konstruktionsprozeß**
Von Rudolf Bäßler. ISBN 3-540-19058-9.
1988, 133 Seiten mit 49 Abbildungen. 73,– DM

117 **Ein Algorithmus zur kapazitätsorientierten Bildung von Losen**
Von Tilmann Greiner. ISBN 3-540-19300-6.
1988, 135 Seiten mit 37 Abbildungen. 73,– DM

118 **Kabelbaummontage mit Industrierobotern**
Von Gerd Schlaich. ISBN 3-540-19301-4.
1988, 131 Seiten mit 62 Abbildungen. 73,– DM

119 **Beitrag zur Verbesserung der Fertigungskostentransparenz bei Großserienfertigung mit Produktvielfalt**
Von Albrecht Köhler. ISBN 3-540-19393-6.
1988, 148 Seiten mit 72 Abbildungen. 73,– DM

120 **Entwicklungs- und Planungshilfen zum Aufbau von flexiblen Ordnungssystemen**
Von Rainer Schanz. ISBN 3-540-19394-4.
1988, 104 Seiten mit 48 Abbildungen. 73,– DM

121 **Bestücken von Leiterplatten mit Industrierobotern**
Von Ernst Wolf. ISBN 3-540-50013-8.
1988, 132 Seiten mit 63 Abbildungen. 73,– DM

122 **Verschleißvorgänge beim Querschneiden dünner Bahnen**
Von Thomas Hülsmann. ISBN 3-540-50049-9.
1988, 126 Seiten mit 47 Abbildungen und 5 Tabellen. 73,– DM

123 **Geometrieprüfung in der Fertigungsmeßtechnik mit bildverarbeitenden Systemen**
Von Claus P. Keferstein. ISBN 3-540-50050-2.
1988, 128 Seiten mit 53 Abbildungen. 73,– DM

124 **Modulares Simulationsmodell für die Abläufe in verketteten Fertigungszellen mit Industrierobotern**
Von Kum-Hoan Kuk. ISBN 3-540-50069-3.
1988, 130 Seiten mit 57 Abbildungen. 73,– DM

125 **Montage von Schläuchen mit Industrierobotern**
Von Bruno Frankenhauser. ISBN 3-540-50072-3.
1988, 139 Seiten mit 63 Abbildungen. 73,– DM

126 **Kommissioniersystem mit Roboter und Mehrstückgreifer**
Von Klaus Baumeister. ISBN 3-540-50133-9.
1988, 104 Seiten mit 53 Abbildungen. 73,– DM

127 **Sensorunterstütztes Programmierverfahren für das Entgraten mit Industrierobotern**
Von Dieter Boley. ISBN 3-540-50175-4.
1988, 128 Seiten mit 67 Abbildungen. 73,– DM

128 **Die Arbeitsraumgestaltung manueller Montagearbeitsplätze mit graphischen und wissensbasierten Methoden**
Von Klaus Lay. ISBN 3-540-50259-9.
1988, 129 Seiten mit 50 Abbildungen und 7 Tabellen. 73,– DM

129 **Automatisierung des Biegerichtens**
Von Stefan Thiel. ISBN 3-540-50432-X.
1988, 142 Seiten mit 57 Abbildungen und 5 Tabellen. 73,– DM

130 **Rechnergestützte Verfahren zur Auslegung der Mechanik von Industrierobotern**
Von Martin-Christoph Wanner. ISBN 3-540-50640-3.
1989, 202 Seiten mit 80 Abbildungen. 73,– DM

131 **Entwicklung eines bestandsorientierten Fertigungssteuerungssystems für die Großserienfertigung am Beispiel des Automobilbaus**
Von G. Hachtel. ISBN 3-540-50639-X.
1989, 163 Seiten mit 34 Abbildungen und 6 Tabellen. 73,– DM

132 **Ergonomische Gestaltung der Benutzerschnittstelle am Antriebssystem des Greifreifenrollstuhls**
Von Ludwig Traut. ISBN 3-540-50877-5.
1989, 210 Seiten mit 127 Abbildungen. 73,– DM

133 **Planung taktzeitoptimierter flexibler Montagestationen**
Von Joachim Schöninger. ISBN 3-540-50896-1.
1989, 122 Seiten mit 47 Abbildungen. 73,– DM

134 **Ein Modell für ein integriertes Qualitäts- und Prüfplanungssystem in der Montage**
Von Josef R. Kring. ISBN 3-540-51195-4.
1989, 140 Seiten mit 60 Abbildungen. 73,– DM

135 **Fertigungsstrukturierung auf der Basis von Teilefamilien**
Von Manfred Auch. ISBN 3-540-51290-X.
1989, 138 Seiten mit 34 Abbildungen. 73,– DM

136 **Kollisionsbehandlung als Grundbaustein eines modularen Industrieroboter-Off-line-Programmiersystems**
Von Andreas Altenhein. ISBN 3-540-51418-X.
1989, 129 Seiten mit 53 Abbildungen. 73,– DM

137 **Ein Beitrag zur Planung und Bewertung Neuer Arbeitsstrukturen in NE-Metallgießereien Dargestellt am Beispiel der Fertigungsinsel**
Von Horst Nespeta. ISBN 3-540-51419-8.
1989, 157 Seiten mit 58 Abbildungen. 73,– DM

138 **Verfahren zur Prüfung der Partikelkontamination in Versorgungssystemen für hochreine Flüssigkeiten**
Von Rolf Herz. ISBN 3-540-51457-0.
1989, 123 Seiten mit 61 Abbildungen. 73,– DM

139 **Messung gekrümmter Flächen mit berührungslosen Verfahren**
Von Leo Schreiber. ISBN 3-540-51493-7.
1989, 119 Seiten mit 72 Abbildungen. 73,– DM

140 **Automatisiertes Lackieren mit steuerbaren Spritzpistolen**
Von Konrad A. Ortlieb. ISBN 3-540-51518-6.
1989, 121 Seiten mit 45 Abbildungen. 73,– DM

141 **Grundlagen zur Entwicklung reinraumtauglicher Handhabungssysteme**
Von Jürgen Geißinger. ISBN 3-540-51959-9.
1989, 124 Seiten mit 82 Abbildungen. 73,– DM

142 **CAD-Video-Somatographie**
Entwicklung und Bewertung einer Methode zur anthropometrischen Arbeitsgestaltung
Von Dieter Lorenz. ISBN 3-540-52163-1.
1989, 169 Seiten mit 61 Abbildungen. 73,– DM

143 **Eine Systemarchitektur für die Gestaltung und das Management verteilter Informationssysteme**
Von Andreas J. Ness. ISBN 3-540-52224-7.
1990, 203 Seiten mit 62 Abbildungen. 78,– DM

144 **Untersuchungen über den optisch-physiologischen Eindruck der Oberflächenstruktur von Lackfilmen**
Von Horst Schene. ISBN 3-540-52226-3.
1990, 149 Seiten mit 106 Abbildungen. 78,– DM

145 **Planungsmethodik für ein Qualitätskostensystem**
Von Alfred Rauba. ISBN 3-540-52477-0.
1990, 166 Seiten mit 73 Abbildungen. 78,– DM

146 **Kleinserienbestückung von Leiterplatten mit bedrahteten Bauelementen durch Industrieroboter**
Von Martin Domm. ISBN 3-540-52867-9.
1990, 106 Seiten mit 48 Abbildungen. 78,– DM

147 **Sensor- und Steuerungssystem für die leitlinienlose Führung automatischer Flurförderzeuge**
Von Gerhard Drunk. ISBN 3-540-53033-9.
1990, 135 Seiten mit 52 Abbildungen. 78,– DM

148 **Ein System zur wissensbasierten Diagnose an CNC-Werkzeugmaschinen durch den Maschinenbediener**
Von Klaus-Peter Fähnrich. ISBN 3-540-53034-7.
1990, 132 Seiten mit 48 Abbildungen und 18 Tabellen. 78,– DM

149 **Werkstückbegleitender Informationsspeicher als Basis für ein informationstechnisches Konzept für Halbleiterfertigungen**
Von Klaus-Dieter Sauter. ISBN 3-540-53236-6.
1990, 115 Seiten mit 55 Abbildungen. 78,– DM

150 **Ein Planungsverfahren zur Erkennung und Bewältigung von Material- und Kapazitätsengpässen bei mehrstufiger Linienfertigung**
Von Ralf-Michael Fuchs. ISBN 3-540-53271-4.
1990, 176 Seiten mit 65 Abbildungen. 78,– DM

151 **Montage von Schrauben mit Industrierobotern**
Von Gernot E. Fischer. ISBN 3-540-53519-5.
1990, 97 Seiten mit 37 Abbildungen. 78,– DM

152 **Flächenorientierte Termin- und Kapazitätsplanung bei innerbetrieblicher Baustellenfertigung**
Von Rolf Schlauch. ISBN 3-540-53584-5.
1990, 130 Seiten mit 53 Abbildungen. 78,– DM

153 **Wissensbasierte Entscheidungsunterstützung bei der Auswahl von Industrierobotern**
Von Günter Jordan. ISBN 3-540-53744-9.
1991, 116 Seiten mit 49 Abbildungen. 78,– DM

154 **Simulationssystem für Fertigungsprozesse mit Stückgutcharakter**
Ein gegenstandsorientiertes System mit parametrisierter Netzwerkmodellierung
Von Bernd-Dietmar Becker. ISBN 3-540-53847-X.
1991, 162 Seiten mit 48 Abbildungen und 47 Tabellen. 78,– DM

155 **Algorithmen der Sprachverarbeitung zur Entwicklung eines vollsynthetischen Sprachausgabesystems**
Von Gerhard Rigoll. ISBN 3-540-53870-4.
1991, 321 Seiten mit 235 Abbildungen. 78,– DM

156 **Wissensbasierte CAD-Systemkomponente zum Entwurf montagegerechter Produkte**
Von Ralph Richter. ISBN 3-540-54725-8.
1991, 137 Seiten mit 56 Abbildungen. 78,– DM

157 **Heftschweißverfahren für das Lagefixieren von Werkstücken beim Schutzgasschweißen mit Industrierobotern**
Von Carsten Martin Claussen. ISBN 3-540-54951-X.
1991, 140 Seiten mit 43 Abbildungen. 78,– DM

158 **Ein Beitrag zur Meßdatenverarbeitung in der Koordinatenmeßtechnik**
Von Thomas Garbrecht. ISBN 3-540-55030-5.
1991, 135 Seiten mit 94 Abbildungen und 5 Tabellen. 78,– DM

159 **Ein Beitrag zur Planung und Optimierung der Verfahrensteilung in der Fertigung**
Von Hans-Peter Roth. ISBN 3-540-55113-1.
1992, 130 Seiten mit 50 Abbildungen. 78,– DM

160 **Flexible Montage von Leitungssätzen mit Industrierobotern**
Von Herbert H. Emmerich ISBN 3-540-55227-8.
1992, 135 Seiten mit 70 Abbildungen. 88,– DM

161 **Toleranzausgleichssysteme für Industrieroboter am Beispiel des feinwerktechnischen Bolzen-Loch-Problems**
Von Uwe Schweigert ISBN 3-540-55228-6.
1992, 119 Seiten mit 61 Abbildungen. 88,– DM

162 **Entwicklung eines interaktiven Simulators auf der Basis von Petri-Netzen zur Modellierung und Bewertung hybrider Montagestrukturen**
Von W. Schweizer ISBN 3-540-55229-4.
1992, 159 Seiten mit 76 Abbildungen. 88,– DM

163 **Entwicklung eines Verfahrens zur rechnerunterstützten Gestaltung verteilter Informationssysteme**
Von Friedemann Reim ISBN 3-540-55269-3.
1992, 151 Seiten mit 43 Abbildungen. 88,– DM

164 **EDV-gestützte Planungs- und Entscheidungshilfen zur Auslegung von Produktionsstrukturen mit strukturkostenoptimierten Dezentralen Verantwortungsbereichen**
Von Ulrich Hallwachs ISBN 3-540-55477-7.
1992, 186 Seiten mit 66 Abbildungen. 88,– DM

165 **Strömungstechnische Auslegung reinraumtauglicher Fertigungseinrichtungen**
Von Elmar Degenhart ISBN 3-540-55478-5.
1992, 137 Seiten mit 72 Abbildungen. 88,– DM

166 **Synthese und Simulation dreidimensionaler Hand-Arm-Bewegungen an manuellen Montagearbeitsplätzen**
Von Raimund Menges ISBN 3-540-55752-0.
1992, 215 Seiten mit 70 Abbildungen. 88,– DM

167 **Bewertung inhomogener fraktaler Strukturen und Skalenanalyse von Texturen**
Von Uwe Müssigmann ISBN 3-540-55796-2.
1992, 99 Seiten mit 43 Abbildungen. 88,– DM

168 **Ein Informationssystem für Instandhaltungsleitstellen**
Von Wilfried Sihn ISBN 3-540-55853-5.
1992, 167 Seiten mit 67 Abbildungen. 88,– DM

169 **Verfahren zum automatischen Palettieren von quaderförmigen Packstücken im beliebigen Sortenmix**
Von Walter Michael Strommer ISBN 3-540-55922-1.
1992, 105 Seiten mit 47 Abbildungen. 88,– DM

170 **Planung der Kinematik von Industrierobotersystemen zum Schutzgasschweißen im Schiffbau**
Von Wolfgang Utner ISBN 3-540-55923-X.
1992, 134 Seiten mit 31 Abbildungen und 3 Tabellen. 88,– DM

171 **Montage von Pressverbindungen mit Industrierobotern**
Von Günther Würtz ISBN 3-540-56300-8.
1992, 124 Seiten mit 55 Abbildungen. 88,– DM

172 **Rationalisierungspotential der montagegerechten Produktgestaltung bei der Montage mit Industrierobotern**
Von Thomas Schmaus ISBN 3-540-56400-4.
1992, 122 Seiten mit 55 Abbildungen. 88,– DM

173 **Erhöhung der Variantenflexibilität in Mehrmodell-Montagesystemen durch ein Verfahren zur Leistungsabstimmung**
Von Felix Fremerey ISBN 3-540-56549-3.
1993, 150 Seiten mit 38 Abbildungen und 6 Tabellen. 88,– DM

174 **Automatische Montage von O-Ringen**
Von Johannes F. Wößner ISBN 3-540-56657-0.
1993, 94 Seiten mit 43 Abbildungen. 88,– DM

175 **Systeme kombinierter multimodaler Mensch-Rechner-Interaktionen**
Von Karl-Heinz Hanne ISBN 3-540-56687-2.
1993, 131 Seiten mit 46 Abbildungen. 88,– DM

176 **Regelbasiertes Verfahren zur Montageablaufplanung in der Serienfertigung**
Von Klaus Thaler ISBN 3-540-56829-8.
1993, 132 Seiten mit 63 Abbildungen. 88,– DM

177 **Rechnergestütztes Bediensystem für einen Telemanipulator zur Sanierung von gemauerten Abwasserkanälen**
Von Kurt Alexander Schließmann ISBN 3-540-56875-1.
1993, 135 Seiten mit 57 Abbildungen und 7 Tabellen. 88,– DM

178 **Konturantastende und optoelektronische Koordinatenmeßgeräte für den industriellen Einsatz**
Von Wolfgang Rauh ISBN 3-540-56876-X.
1993, 124 Seiten mit 43 Abbildungen. 88,– DM

179 **Konzeption für ein Sensor- und Steuerungssystem zur automatischen Führung eines Walzenschrämladers entlang der Grenzlinie von Kohle und Nebengestein**
Von Stephan Matthias Forster ISBN 3-540-57159-0.
1993, 147 Seiten mit 63 Abbildungen. 88,– DM

180 **Ein dreidimensionales Bildverarbeitungssystem für die Automatisierung visueller Prüfvorgänge**
Von Jianzhong Lu ISBN 3-540-57160-4.
1993, 113 Seiten mit 45 Abbildungen und 2 Tabellen. 88,– DM

181 **Erschließung technischer und organisatorischer Potentiale durch die Komplettbearbeitung auf Drehmaschinen mit Hilfe der Teileanalyse**
Von Helmut Schaal ISBN 3-540-57212-0.
1993, 126 Seiten mit 42 Abbildungen und 2 Tabellen. 88,– DM

182 **Prüfverfahren zur Untersuchung der Partikelreinheit technischer Oberflächen**
Von Bernhard Klumpp ISBN 3-540-57302-X.
1993, 108 Seiten mit 50 Abbildungen. 88,– DM

183 **Automatisierung der Justage von Drehankerrelais**
Von G. Kröll ISBN 3-540-57303-8.
1993, 113 Seiten mit 59 Abbildungen. 88,– DM

184 **Prozeßstrukturen der chemischen Vernickelung**
Von Hans Gut ISBN 3-540-57304-6.
1993, 108 Seiten mit 37 Abbildungen und 5 Tabellen. 88,– DM

185 **Ein Verfahren zur Konstruktion anwendungoptimierter Ultraschallsensoren auf der Basis von Schallkanälen**
Von Achim Langen ISBN 3-540-57376-3.
1993, 140 Seiten mit 72 Abbildungen. 88,– DM

186 **Ein rechnerunterstütztes System für die technische Dokumentation und Übersetzung**
Von Renate Mayer ISBN 3-540-57409-3.
1993, 126 Seiten mit 59 Abbildungen. 88,– DM

187 **Theoretische und experimentelle Untersuchungen an dreidimensionalen Wirbelströmungen für industrielle Absauganlagen**
Von Wolf-Jürgen Denner ISBN 3-540-57410-7.
1993, 141 Seiten mit 78 Abbildungen und 10 Tabellen. 88,– DM

188 **Planungsmethodik für den Aufbau von Qualitätssicherungssystemen in kleinen und mittleren Produktionsunternehmen**
Von Rainer Hummel ISBN 3-540-57727-0.
1993, 221 Seiten mit 114 Abbildungen und 6 Tabellen. 88,– DM

189 **Plasmamodifikation von Kunststoffoberflächen zur Haftfestigkeitssteigerung von Metallschichten**
Von Dieter Andreas Mann ISBN 3-540-57745-9.
1994, 133 Seiten mit 83 Abbildungen und 6 Tabellen. 88,– DM

190 **Softwareentwicklung für speicherprogrammierbare Steuerungen im integrierten, rechnergestützten Konstruktionsprozeß**
Von Kornelius Hengel ISBN 3-540-57765-3.
1994, 133 Seiten mit 48 Abbildungen. 88,– DM

191 **Vorrichtungssysteme für die flexibel automatisierte Montage**
Von Armin Willy ISBN 3-540-57784-X.
1994, 121 Seiten mit 60 Abbildungen. 88,– DM

192 **Wissensbasiertes Selbstheilungs- und Diagnosesystem für CNC-Koordinatenmeßgeräte**
Von Wilhelm Steger ISBN 3-540-57829-3.
1994, 147 Seiten mit 79 Abbildungen. 88,– DM

193 **Modell für ein rechnerunterstütztes Qualitätssicherungssystem gemäß DIN ISO 9000 ff.**
Von Ulrich Lübbe ISBN 3-540-57831-5.
1994, 152 Seiten mit 59 Abbildungen. 88,– DM

194 **Vorgehenssystematik zum Prototyping graphisch-interaktiver Audio/Video-Schnittstellen**
Von Claus Görner ISBN 3-540-57886-2.
1994, 181 Seiten mit 66 Abbildungen. 88,– DM

195 **Bewertung von Rechnerinvestitionen durch den Vergleich von Wertschöpfungsketten**
Von Christian F. Mayer ISBN 3-540-57969-9.
1994, 144 Seiten mit 45 Abbildungen und 24 Tabellen. 88,– DM

196 **Ein Verfahren zur kostenorientierten Produktionsprogramm- und Kapazitätsplanung bei losweiser Montage**
Von J. Kurz ISBN 3-540-57971-0.
1994, 124 Seiten mit 26 Abbildungen und 3 Tabellen. 88,– DM

197 **Direktmontage von Leitungen mit Industrierobotern**
Von Stefan Koller ISBN 3-540-58224-X.
1994, 105 Seiten mit 52 Abbildungen. 88,– DM

198 **Eine objektorientierte Architektur für Leitstände zur Feinplanung**
Von Thomas Otterbein ISBN 3-540-58273-8.
1994, 183 Seiten mit 90 Abbildungen. 88,– DM

199 **Erhöhung der Fertigungssicherheit und -qualität beim Hochdruckwasserstrahlen durch den Einsatz von Sensoren**
Von Michael Knaupp ISBN 3-540-58440-4.
1994, 117 Seiten mit 101 Abbildungen. 88,– DM

200 **Verfahren zur Bewertung von Auftrags-Durchlaufzeiten in den indirekt-produktiven Bereichen von Maschinenbau-Unternehmen**
Von Robert Müller ISBN 3-540-58478-1.
1994, 152 Seiten mit 32 Abbildungen. 88,– DM

201 **Verfahrensprüfstand für das Bearbeiten mit Industrierobotern**
Von Peter Schlaich ISBN 3-540-58510-9.
1994, 114 Seiten mit 60 Abbildungen. 88,– DM

202 **Entwicklung und Optimierung von Prozeßkomponenten zur ionenunterstützten Abscheidung bei PVD-Verfahren**
Von Walter Olbrich ISBN 3-540-58511-7.
1994, 126 Seiten mit 62 Abbildungen und 7 Tabellen. 88,– DM

203 **Verfahren der Konturanalyse zur Automatisierung visueller Prüfvorgänge**
Von Knut Kille ISBN 3-540-58513-3.
1994, 105 Seiten mit 50 Abbildungen und 15 Tabellen. 88,– DM

204 **Verfahren zur Verbesserung der Ausfallsicherheit verteilter Informationssysteme**
Von Helmut Meitner ISBN 3-540-58623-7.
1995, 196 Seiten mit 54 Abbildungen und 13 Tabellen. 88,– DM

205 **Ein unscharfes Planungsverfahren zur mittelfristigen Personalkapazitätsanpassung für die bedarfsorientierte Serienproduktion**
Von Hans-Jürgen Braun ISBN 3-540-58819-1.
1995, 164 Seiten mit 40 Abbildungen und 10 Tabellen. 88,– DM

206 **Rechnergestützte Auslegungsverfahren für Großmanipulatoren mit Gelenkarmkinematik**
Von Werner Engeln ISBN 3-540-58871-X.
1995, 135 Seiten mit 52 Abbildungen und 18 Tabellen. 88,– DM

07 **Montagestrukturplanung für variantenreiche Serienprodukte**
Von Ulrich Zeile ISBN 3-540-58937-6.
1995, 122 Seiten mit 65 Abbildungen. 88,– DM

08 **Entwicklung eines objektorientierten Informationssystems zur optimierten Werkstoffauswahl**
Von Dietmar R. Fischer ISBN 3-540-58938-4.
1995, 193 Seiten mit 37 Abbildungen und 14 Tabellen. 88,– DM

09 **Entwicklung einer flexibel automatisierten Nähanlage**
Von Oliver Krockenberger ISBN 3-540-58939-2.
1995, 122 Seiten mit 75 Abbildungen. 88,– DM

10 **Ultraschallbahnschweißen von Kunststoffteilen mit Industrierobotern**
Von Thomas Wagner ISBN 3-540-58940-6.
1995, 93 Seiten mit 37 Abbildungen. 88,– DM

11 **Flexibel automatisierte Montage hochpoliger Rundkabel**
Von Ralf Cramer ISBN 3-540-58979-1.
1995, 116 Seiten mit 59 Abbildungen. 88,– DM

12 **Automatische Reparatur elektronischer Baugruppen**
Von Thomas Leicht ISBN 3-540-59015-3.
1995, 99 Seiten mit 46 Abbildungen. 88,– DM

13 **Montage von Schlauchschellen mit Industrierobotern**
Von Herbert Dreher ISBN 3-540-59035-8.
1995, 103 Seiten mit 63 Abbildungen. 88,– DM

14 **Arbeitsprogrammgenerierung zum Schutzgasschweißen mit Industrierobotersystemen im Schiffbau**
Von Peter Schmid ISBN 3-540-59058-7.
1995, 131 Seiten mit 42 Abbildungen. 88,– DM

15 **Flexible Demontage mit dem Industrieroboter am Beispiel von Fernsprech-Endgeräten**
Von Martin Kahmeyer ISBN 3-540-59390-X.
1995, 99 Seiten mit 52 Abbildungen. 88,– DM

16 **Der logisch-pragmatische Gebrauch von Konditionalsätzen. Eine dialog-logische Analyse**
Von Antonius Jacobus Maria van Hoof ISBN 3-540-59463-9.
1995, 146 Seiten mit 65 Abbildungen. 88,– DM

17 **Arbeits- und organisationspsychologische Interventionen bei der Einführung von Gruppenarbeit in dezentral ausgerichteten Fertigungsinseln**
Von Manfred Schlund ISBN 3-540-60012-4.
1995, 426 Seiten mit 24 Abbildungen und 29 Tabellen. 88,– DM

18 **Herstellung geformter Schläuche mit Formdornen aus Formgedächtnislegierung**
Von Thomas Weisener ISBN 3-540-60019-1.
1995, 88 Seiten mit 48 Abbildungen. 88,– DM

19 **Benutzerwerkzeuge an Fertigungssteuerungs-Leitständen**
Von Manfred Kroneberg ISBN 3-540-60096-5.
1995, 154 Seiten mit 84 Abbildungen. 88,– DM

20 **Werkstattsteuerung mit genetischen Algorithmen und simulativer Bewertung**
Von Jörg Schulte ISBN 3-540-60281-X.
1995, 163 Seiten mit 55 Abbildungen und 7 Tabellen. 88,– DM

21 **Ein Verfahren zur automatischen Generierung von softwareergonomisch gestalteten Benutzungsoberflächen**
Von Anette Weisbecker ISBN 3-540-60242-9.
1995, 140 Seiten mit 38 Abbildungen und 48 Tabellen. 88,– DM

22 **Verfahren zur Reduzierung der Hand-Arm-Schwingungsbelastung an Trennschleifern**
Von Rainer Eckert ISBN 3-540-60282-8.
1995, 187 Seiten mit 80 Abbildungen und 23 Tabellen. 88,– DM

23 **Individualisierbare heuristische Einplanung für rechnerbasierte Leitstände**
Von Andreas Huthmann ISBN 3-540-60424-3.
1995, 137 Seiten mit 74 Abbildungen. 88,– DM

24 **Recycling von Wasserlackoverspray durch Elektrophorese**
Von Klaus Berewinkel ISBN 3-540-60519-3.
1996, 177 Seiten mit 75 Abbildungen. 88,– DM

25 **Wissensbasierte Programmierung von Industrierobotern zum Schutzgasschweißen im Stahlhochbau**
Von Christoph Hartfuss ISBN 3-540-60661-0.
1996, 123 Seiten mit 48 Abbildungen. 88,– DM

26 **Verfahren zur Gestaltung rechnergestützter Büroprozesse**
Von Michael Rathgeb ISBN 3-540-60660-2.
1996, 278 Seiten mit 69 Abbildungen. 88,– DM

27 **Dialogentwicklung für objektorientierte, graphische Benutzungsschnittstellen**
Von Christian Janssen ISBN 3-540-60719-6.
1996, 154 Seiten mit 70 Abbildungen und 4 Tabellen. 88,– DM

28 **Bewertung und Verbesserung der fertigungsgerechten Gestaltung von Blechwerkstücken**
Von Ulrich Abele ISBN 3-540-61019-7.
1996, 184 Seiten mit 72 Abbildungen. 88,– DM

29 **Merkmalsbasierte Definition von Freiformgeometrien auf der Basis räumlicher Punktwolken**
Von Sabine Roth-Koch ISBN 3-540-61020-0.
1996, 145 Seiten mit 68 Abbildungen. 88,– DM

30 **Fokussierung im Dialog: Aspekte der Fokusintonation im Deutschen**
Von Joachim Machate ISBN 3-540-61165-7.
1996, 155 Seiten mit 22 Abbildungen und 22 Tabellen. 88,– DM

231 **Qualitätsgerechte Auslegung flexibler Produktionssysteme mit Hilfe von Simulation**
Von Egbert Englert ISBN 3-540-61277-7.
1996, 126 Seiten mit 60 Abbildungen. 88,– DM

232 **Projektierungsverfahren für technische Software dargestellt an wissensbasierten Systemen**
Von Eberhard Kurz ISBN 3-540-61426-5.
1996, 129 Seiten mit 57 Abbildungen. 88,– DM

233 **Typologie zur systematischen Gestaltung der Arbeitsorganisation für Flexible Fertigungssysteme**
Von Sabine Stephan ISBN 3-540-61465-6.
1996, 186 Seiten mit 39 Abbildungen und 63 Tabellen. 88,– DM

234 **Entwicklung eines Werkzeuges zum Störungsmanagement in der Produktionsregelung**
Von Rainer Bamberger ISBN 3-540-61515-6.
1996, 157 Seiten mit 92 Abbildungen. 88,– DM

235 **Ein Verfahren zur automatischen Generierung von Steuerprogrammen für Roboterfahrzeuge**
Von Joachim Müllerschön ISBN 3-540-61514-8.
1996, 140 Seiten mit 79 Abbildungen. 88,– DM

236 **Automatische Kalibrierung der koppelnden Ortung mobiler Plattformen**
Von Achim Merklinger ISBN 3-540-61632-2.
1996, 106 Seiten mit 36 Abbildungen und 25 Tabellen. 88,– DM

237 **Händigkeitsgerechte Gestaltung der Mensch-Maschine-Schnittstelle**
Von Martin Schmauder ISBN 3-540-61657-8.
1996, 141 Seiten mit 44 Abbildungen und 9 Tabellen. 88,– DM

238 **Ein simulationsgestütztes Verfahren zur Wirtschaftlichkeitsbestimmung von Fertigungsprozessen mit Stückgutcharakter**
Von Erhard Vollmer ISBN 3-540-62408-2.
1996, 111 Seiten mit 10 Abbildungen und 22 Tabellen. 88,– DM

239 **Ein Verfahren zur reportbasierten Diagnose von technischen Maschinenstörungen in der Instandhaltung**
Von Walter Wincheringer ISBN 3-540-62410-4.
1996, 169 Seiten mit 61 Abbildungen. 88,– DM

240 **Eine Vorgehensweise zum objektorientierten Entwurf graphisch-interaktiver Informationssysteme**
Von Jürgen Ziegler ISBN 3-540-62547-X.
1997, 146 Seiten mit 36 Abbildungen und 20 Tabellen. 88,– DM

241 **Zur Fehlerkompensation und Bahnkorrektur für eine mobile Großmanipulator-Anwendung**
Von Klaus Dieter Rupp ISBN 3-540-62625-5.
1997, 140 Seiten mit 48 Abbildungen und 17 Tabellen. 88,– DM

242 **Entwicklung eines QFD-gestützten Verfahrens zur Produktplanung und -entwicklung für kleine und mittlere Unternehmen**
Von Jürgen Hoffmann ISBN 3-540-62638-7.
1997, 158 Seiten mit 89 Abbildungen. 88,– DM

243 **Ein Verfahren zur flexiblen Fertigungsführung eines Fertigungssystems für Kleinserien mit unterschiedlich autonomen Arbeitsstationen**
Von Rainer Kämpf ISBN 3-540-62653-0.
1997, 174 Seiten mit 68 Abbildungen. 88,– DM

244 **Flexibel automatisiertes Taumelnieten**
Von Wolf-Dietrich Schneider ISBN 3-540-62654-9.
1997, 88 Seiten mit 43 Abbildungen. 88,– DM

245 **Verfahren zur Erkennung unfallträchtiger Verkantungsfälle bei handgeführten Trennschleifern**
Von Christoph Bolay ISBN 3-540-62767-7.
1997, 170 Seiten mit 71 Abbildungen. 88,– DM

246 **Rechnergestütztes Sourcingsystem für spanende Fertigungskapazitäten klein- und mittelständischer Unternehmen**
Von Jürgen Funk ISBN 3-540-62815-0.
1997, 106 Seiten mit 63 Abbildungen. 88,– DM

247 **Bahnlöten von Blechgehäusen mit Industrierobotern**
Von Manfred Gaul ISBN 3-540-63064-3.
1997, 114 Seiten mit 52 Abbildungen. 88,– DM

248 **Ein Verfahren zur Optimierung der Kraftwerksrevisionsplanung und -durchführung**
Von Siegfried Stender ISBN 3-540-63168-2.
1997, 160 Seiten mit 36 Abbildungen. 88,– DM

249 **Ein Verfahren zur Analyse von Problemen der Ressourcenabstimmung auf Basis synergetischer Mustererkennung**
Von Stefan König ISBN 3-540-63226-3.
1997, 136 Seiten mit 43 Abbildungen. 88,– DM

250 **Ein objektorientiertes Modell zur Abbildung von Produktionsverbünden in Planungssystemen**
Von Hans-Peter Laubscher ISBN 3-540-63295-6.
1997, 158 Seiten mit 98 Abbildungen. 88,– DM

251 **Regelmechanismen für die Formsicherung im Automobilbau**
Von Franz Eberle ISBN 3-540-63325-1.
1997, 122 Seiten mit 53 Abbildungen und 22 Tabellen. 88,– DM

252 **Entwicklung von Datenmodellen für ein objektorientiertes Engineering Data Management System zur Unterstützung von teamorientierten Organisationsformen**
Von Frank Marcial ISBN 3-540-63340-5.
1997, 216 Seiten mit 76 Abbildungen und 26 Tabellen. 88,– DM

253 **Verfahren zur Konzeption automatischer reinraumtauglicher Fertigungsanlagen und -zellen**
Von Ralf Kaun ISBN 3-540-63447-9.
1997, 160 Seiten mit 88 Abbildungen. 88,– DM

254 **Ein Planungsverfahren zur Kapazitätsabstimmung für Modell-Mix-Montagelinien am Beispiel einer Automobil-Endmontage**
Von Norbert Leopold ISBN 3-540-63520-3.
1997, 130 Seiten mit 35 Abbildungen. 88,– DM

255 **Fertigung von Mischlosen in der Mikroelektronik auf der Basis eines Verfahrens zur Verfolgung von Einzelscheiben**
Von Olaf Herzog ISBN 3-540-63563-7.
1997, 124 Seiten mit 59 Abbildungen. 88,– DM

256 **Einsatz neuer Mensch-Maschine-Schnittstellen für Robotersimulation und -programmierung**
Von Jens-Günter Neugebauer ISBN 3-540-63568-8.
1997, 110 Seiten mit 48 Abbildungen. 88,– DM

257 **Entwicklung eines Systems zur virtuellen ergonomischen Arbeitsgestaltung**
Von Wilhelm H. Bauer ISBN 3-540-63707-9.
1997, 160 Seiten mit 77 Abbildungen und 13 Tabellen. 88,– DM

258 **Controlling eines projektorientierten Prozeßmanagements am Beispiel des Anlagenbaus**
Von Thomas Jörg Staiger ISBN 3-540-64082-7.
1998, 214 Seiten mit 106 Abbildungen und 11 Tabellen. 88,– DM

259 **Flexible Formprüfung umgeformter Blechteile**
Von Berend Oberdorfer ISBN 3-540-64121-1.
1998, 148 Seiten mit 69 Abbildungen. 88,– DM

260 **Effiziente Produktplanung mit Quality Function Deployment**
Von Christoph Mai ISBN 3-540-64145-9.
1998, 124 Seiten mit 57 Abbildungen. 88,– DM

261 **Einsatz der digitalen Grautonbildverarbeitung als ein Meßprinzip in der Lackiertechnik**
Von Sabine Renate Plischki ISBN 3-540-64270-6.
1998, 136 Seiten mit 67 Abbildungen und 9 Tabellen. 88,– DM

262 **Dynamische Zielfindung für das Total Quality Management**
Von Andreas Robeck ISBN 3-540-64271-4.
1998, 132 Seiten mit 61 Abbildungen. 88,– DM

263 **Methoden zur Planung zeit- und kostenoptimaler Produktion und Lagerhaltung**
Anwendung der Theorie optimaler Prozesse
Von Joachim Warschat ISBN 3-540-64272-2.
1998, 252 Seiten mit 61 Abbildungen. 88,– DM

264 **3D-Echtzeit-Rendering unter Berücksichtigung der Anatomie und Physiologie des menschlichen Auges**
Von Oliver H. Riedel ISBN 3-540-64273-0.
1998, 192 Seiten mit 54 Abbildungen und 26 Tabellen. 88,– DM

265 **Optische in situ Meßtechniken bei der Entwicklung und Anwendung von plasmaunterstützten Oberflächentechniken für räumlich ausgedehnte und komplexe Geometrien**
Von Peter Stratil ISBN 3-540-64400-8.
1998, 148 Seiten mit 96 Abbildungen und 14 Tabellen. 88,– DM

266 **Mit Industrierobotern flexibel automatisierte Montage von Türabdichtungen für Kraftfahrzeuge**
Von Gerald Vögele ISBN 3-540-64512-8.
1998, 92 Seiten mit 50 Abbildungen. 88,– DM

267 **Verfahren zur Gestaltung von Dienstleistungsunternehmen in einem Konfigurationsansatz**
Von Alexander W. Roos ISBN 3-540-64566-7.
1998, 260 Seiten mit 93 Abbildungen. 88,– DM

268 **Die Kombination von Plasmanitrierung und plasmagestützter Schichtabscheidung aus der Gasphase (PACVD) in einem Verfahrensablauf**
Von Oliver Morlok ISBN 3-540-64567-5.
1998, 134 Seiten mit 55 Abbildungen und 10 Tabellen. 88,– DM

269 **Verfahren zur Generierung und Gestaltung von Montageablaufstrukturen komplexer Serienerzeugnisse**
Von Uwe A. Seidel ISBN 3-540-64687-6.
1998, 142 Seiten mit 49 Abbildungen. 88,– DM

270 **Flexibel automatisierte Montage von Holzdübeln mit Industrierobotern**
Von Thomas Hörz ISBN 3-540-64788-0.
1998, 122 Seiten mit 61 Abbildungen. 88,– DM

271 **Flexibel automatisierte Demontage von Fahrzeugdächern**
Von Reinhard Rupprecht ISBN 3-540-64969-7.
1998, 108 Seiten mit 46 Abbildungen und 2 Tabellen. 88,– DM

272 **Berechnung charakteristischer Spritzbild- und Qualitätsmerkmale beim Lackieren - Einsatz neuronaler Netze -**
Von Pavel Svejda ISBN 3-540-65038-5.
1998, 152 Seiten mit 62 Abbildungen und 29 Tabellen. 88,– DM

273 **Entwicklung eines Systems zur interaktiven Gestaltung und Auswertung von manuellen Montagetätigkeiten in der virtuellen Realität**
Von Rainer Heger ISBN 3-540-65039-3.
1998, 158 Seiten mit 64 Abbildungen und 6 Tabellen. 88,– DM

274 **Ein Verfahren zur integrierten, prozeßbegleitenden Vorkalkulation für die kostengerechte Konstruktion**
Von Joachim Th. Frech ISBN 3-540-65050-4.
1998, 154 Seiten mit 64 Abbildungen und 23 Tabellen. 88,– DM

275 **Grundlagenuntersuchungen und Weiterentwicklung der automatischen Farbwechseltechnik für Wasserlacke**
Von Hans-Jürgen Nolte ISBN 3-540-65146-2.
1998, 128 Seiten mit 70 Abbildungen und 10 Tabellen. 88,– DM

276 **Formleitlinien für die Flächenrückführung - Extraktion von Kanten und Radiusauslauflinien aus unstrukturierten 3D-Meßpunktmengen**
Von Ralph Peter Knorpp ISBN 3-540-65161-6.
1998, 134 Seiten mit 57 Abbildungen und 5 Tabellen. 88,– DM

277 **Erfassen und Verarbeiten komplexer Geometrie in Meßtechnik und Flächenrückführung**
Von Thomas Haller ISBN 3-540-65147-0.
1998, 175 Seiten mit 50 Abbildungen und 10 Tabellen. 88,– DM

278 **Reaktive Abscheidung von Metalloxiden auf Polycarbonat zur Erzeugung transparenter Verschleißschutzschichten**
Von Patrick Markschläger ISBN 3-540-65502-6.
1998, 164 Seiten mit 85 Abbildungen und 13 Tabellen. 88,– DM

279 **Adaptive Personaleinsatzsteuerung in homogenen Arbeitsgruppen bei sequentieller Auftragsstruktur**
Von Manfred Hüser ISBN 3-540-65505-0.
1998, 144 Seiten mit 53 Abbildungen. 88,– DM

Die Bände sind im Erscheinungsjahr und in den folgenden drei Kalenderjahren zu beziehen durch den örtlichen Buchhandel oder durch Lange & Springer, Otto-Suhr-Allee 25–28, 10585 Berlin.